U0647578

抗旱减灾指导手册

国家防汛抗旱总指挥部办公室 编著

人民出版社

《抗旱减灾指导手册》
编写组

组　长：张　旭
副组长：张家团　刘学峰
编写组成员（以姓氏笔画为序）
　　　　万群志　成福云　朱　云　吕　娟
　　　　李晓波　吴玉成　苏志诚　陈淑梅
　　　　屈艳萍　贾　汀

出版前言

　　2009年初秋以来,我国西南的云南省、贵州省、广西壮族自治区、四川省和重庆市五省(自治区、直辖市)发生了特大干旱灾害,其中云南省和贵州省两省的绝大部分地区的干旱达到百年一遇的严重程度,特大干旱给西南五省(自治区、直辖市)的社会经济及人民群众生产生活造成了严重的影响和损失。

　　干旱灾害发生后,党和政府高度重视西南地区的抗旱减灾工作,十分关切灾区人民的生活、生产和社会经济发展。胡锦涛总书记、温家宝总理等党和国家领导人多次作出重要批示和指示,对灾区抗旱减灾工作给予了极大的关怀、支持和鼓舞,并要求国务院有关部门加大对灾区抗旱救灾的支持和指导力度。根据西南地区干旱灾害发生发展的实际情况,国家防汛抗旱总指挥部适时启动抗旱减灾黄色和橙色应急响应;民政部及时启动黄色和橙色救灾响应;水利部、国家气象局、农业部、财政部等国家防汛抗旱总指挥部各成员单位密切配合联动,全力以赴做好灾区的抗旱减灾工作。在党和政府的高度重视和关怀下,国家防总周密组织部署、灾区当地各级政府的组织和领导下,抗旱减灾工作成效显著,灾区因旱饮水困难问题得到了较好的解决,保障了灾区社会经济稳定。

　　为了更好地帮助旱区干部群众全面做好抗旱减灾及灾后生产工作,我社邀请国家防汛抗旱总指挥部办公室编写了本书,以为坚决打好抗旱减灾这场硬仗及以后的抗旱减灾工作提供指导参考。

　　由于编写时间仓促,书中不妥之处,敬请广大读者批评指正。

目　　录

一、干旱灾害

(一)干　旱

干旱是指由水分的收与支或供与需不平衡形成的水分短缺现象。这是一种由气象要素波动等引起的随机性、临时性水分短缺现象，可能发生在任何区域的任意一段时间，既可能出现在干旱或半干旱区的任何季节，也可能发生在半湿润甚至湿润地区的任何季节。

干旱可能发生在水分循环的不同环节。根据发生环节的不同，可将干旱分为气象干旱、水文干旱和社会经济干旱三个层次。气象干旱，又称为大气干旱，是指因自然界降水和蒸散发收支不平衡造成的异常水分短缺现象，常用降水量、气温、蒸散发量等指标反映；水文干旱是指因气象干旱造成的江河、湖泊径流和水利工程蓄水量减少以及地下水位下降的现象，常用径流量、蓄水量、河道水位、地下水位等指标反映；社会经济干旱是指因气象干旱、水文干旱或人类活动引起社会经济系统水资源供需不平衡的异常水分短缺现象，包括对农村、城市和生态的影响，常用作物受旱面积、作物受灾面积、因旱饮水困难、城市日缺水量等指标反映。研究分析旱情、评估旱灾影响损失以及安排部署抗旱减灾工作所关注的主要是社会经济干旱范畴的问题。

(二)旱　情

旱情是干旱的表现形式和发生、发展过程,包括干旱历时、影响范围、发展趋势和受旱程度等。旱情的概念通常是针对农业而言,指作物生育期内,耕作层土壤水分得不到降水、地下水和灌溉水的适量补给,土壤供水不断消耗,农作物从土壤中吸收的水分不能满足正常生长要求,作物体内出现水分胁迫,生长受到抑制的情势。近年来,随着干旱灾害发生频率的增加,涉及的范围和领域不断扩大,灾害对城市和生态环境的不利影响日趋严重。水利部门适应形势的发展变化,转变工作思路,提出抗旱工作要由被动向主动、单一向全面转变,将抗旱工作关注和服务的领域向城市和生态延伸,因此,旱情的概念也由农村、农业拓展至城市和生态。

根据受旱对象不同,旱情可分为农村旱情、城市旱情和生态旱情等,其中农村旱情又包括农业旱情、牧业旱情和因旱人畜饮水困难。农业旱情是指作物受旱状况,即土壤水分供给不能满足作物发芽或正常生长要求,导致作物生长受到抑制甚至干枯的现象,可选用土壤相对湿度、降水量距平百分率、连续无雨日数、作物缺水率、断水天数等指标进行评估;牧业旱情是指牧草受旱情况,即土壤水分供给不能满足牧草返青或正常生长要求,导致牧草生长受到抑制甚至干枯的现象,可用降水量距平百分率、连续无雨日数、干土层厚度等指标进行评估;因旱人畜饮水困难是指由于干旱造成城乡居民以及农村大牲畜临时性的饮用水困难,可根据取水地点的改变或人均基本生活用水量以及因旱饮水困难持续时间来评判。城市旱情是指因旱造成城市供水不足,导致城市居民和工商企业供水短缺的情况,包括供水短缺历时及程度等,可用城市干旱缺水率进行评估。生态旱情是指因旱造成江河径流量减少、地下水位下降、湖泊淀洼水面缩小或干涸、湿地萎缩、草场退化、植被覆盖率下降等现象。

农业旱情根据受旱季节的不同,又分为春旱、夏旱、秋旱、冬旱和连季旱。春旱是指在3～5月间发生的旱情。春季正是越冬作物返青、生长、发育和春播作物播种、出苗季节,特别是北方地区春季降水在年内分布较少,如降水量比正常年份还偏少,极易发生严重干旱,不仅影响夏粮产量,还造成春播基础不好,影响秋作物生长和收成。夏旱是指6～8月发生的旱情,三伏期间发生的旱情也称伏旱。夏季为晚秋作物播种和秋作物生长发育最旺盛季节,气温高、蒸发大,夏旱可能影响秋作物生长甚至减产。秋旱是指9～11月发生的旱情。秋季为秋作物成熟和越冬作物播种、出苗季节,秋旱不仅会影响当年秋粮产量,还影响下一年的夏粮生产。秋季是蓄水的关键时期,长时间干旱少雨,径流减少,会导致水利工程蓄水不足,给冬春用水造成困难。冬旱是指12月至次年2月发生的旱情。冬季雨雪少将影响来年春季的农业生产。连季旱是指两个或两个以上季节连续受旱,如春夏连旱,夏秋连旱,秋冬连旱、冬春连旱或春夏秋三季连旱等。

（三）旱　灾

　　旱灾，即干旱灾害，是指由于降水减少、水工程供水不足引起的用水短缺，并对生活、生产和生态造成危害的事件。旱灾有别于其他灾害的显著特点：其一，旱灾出现具有渐变发展的特点，产生影响具有积累效应，因此旱灾的开始时间、结束时间难以准确判定；其二，旱灾与洪水、地震及滑坡泥石流等其他自然灾害不同，一般不会在瞬间造成人员伤亡及建筑设施的毁坏，但带给经济社会的影响和损失却比其他灾害有过之而无不及。

　　根据受灾对象的不同，可将旱灾划分为农业干旱灾害、城市干旱灾害和生态干旱灾害。农业干旱灾害是指作物生育期内由于受旱造成作物较大面积减产或绝收的灾害。城市干旱灾害指城市因遇枯水年造成城市供水水源不足，或者由于突发性事件使城市供水水源遭到破坏，导致城市实际供水能力低于正常需求，致使城市正常的生活、生产和生态环境受到影响的灾害。生态干旱灾害是指湖泊、湿地、河网等主要以水为支撑的生态系统，由于天然降雨偏少、江河来水减少或地下水位下降等原因，造成湖泊水面缩小甚至干涸、河道断流、湿地萎缩、咸潮上溯以及污染加剧等，使原有的生态功能退化或丧失，生物种群减少甚至灭绝的灾害。

（四）干旱、旱情和旱灾的联系及区别

在现实工作中,常常听到这样的说法:"干旱是世界上普遍发生的一种自然灾害"、"干旱是影响我国农业生产的一种严重自然灾害"等,这种说法比较笼统,没有区分出干旱这一自然现象在对经济社会造成影响时的演变过程和发展阶段。事实上,干旱、旱情和旱灾这三个概念既相互联系又相互区别。干旱是一种自然因素偏离正常状况的现象,是旱情和旱灾的主要诱因之一,而旱情和旱灾是指随着干旱的继续发展对经济社会的影响和破坏的程度。抗旱减灾更为关注的是旱情和旱灾的发生发展。

干旱和旱情是有区别的。干旱的核心内容是水分收支不平衡造成的水分短缺现象,由于社会经济因素的影响,水分短缺不一定直接造成不利影响和损失,而旱情则是侧重考虑水分短缺对经济社会相关领域造成的影响情况,是干旱逐渐发展的结果。如西北等常年干旱的荒漠地区,由于没有人类活动,干旱不会表现出对经济社会的不利影响,也不会发展成旱情和旱灾。

旱情也并不等同于旱灾。旱灾是旱情发生发展的最终结果,由于社会系统或生态系统都具有忍受一定程度干旱缺水的能力,发生了旱情不一定会出现旱灾。旱情的严重程度与旱灾损失的大小也并非完全直接相关,还受到水源条件、作物种植结构、抗旱能力和措施等因素的影响。

（五）干旱灾害成因

干旱灾害是在自然和人为因素的共同作用下形成和发展的，单纯的自然因素或人为因素都不能直接构成干旱灾害，只有自然因素与人类生产、生活等人为因素相联系时，才有可能造成干旱灾害。根据区域灾害形成理论，形成干旱灾害必须具备以下三个要素：致灾因子、孕灾环境和承灾体，见图1。

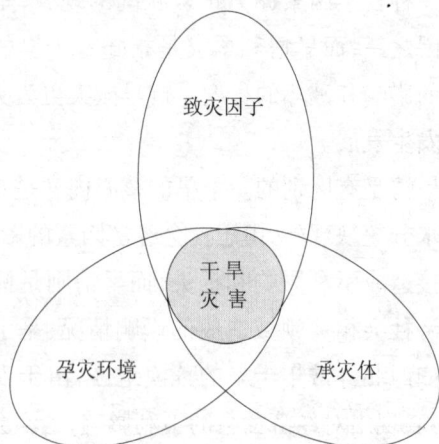

图1　干旱灾害形成机制示意图

致灾因子是指直接引起人类及其经济社会、自然资源遭受损害的自然异常变化。对于干旱灾害而言，其致灾因子主要就是天然降水偏少，亦即干旱，而引起干旱的原因又包括大气环流异常、季风环流异常、海—气相互作用以及陆—气相互作用异常等。在一些期刊或报纸上，常常可以看到"……发生了五十年一遇的干旱灾害……"的说法,而事实上,这种说法常常是不严谨的,因为这里所谓的"五十年一遇"仅仅是从天然降水偏少的程度来说的,只不过是致灾因子的强度而已,并不能完全反映干旱灾害的程度。致灾因子的强度即干旱的强度,可以用时段降水量、降水距平百分率、降水十分位数、帕尔默干旱指数、标准化降水指数等干旱强度指标或相应的概率分布函数来反映。

孕灾环境指灾害孕育发生的环境背景,包括自然环境和人为环境,从整个地球系统来讲,大气圈、水圈、岩石圈、生物圈、人类圈都是孕灾环境。在整个灾害发生发展过程中,孕灾环境处于关键地位,一方面充当着孕育灾害的角色,一方面又充当着致灾媒介的角色,它既影响致灾因子,同时又起到联系致灾因子与承灾体的作用。干旱灾害孕灾环境也包括自然环境和社会环境两个方面,其中自然环境主要包括气候条件、地理条件和水文条件,社会环境包括人口及分布、产业结构及布局、社会经济发展水平、防旱抗旱工程措施和非工程措施等。

承灾体是孕灾环境和致灾因子作用的客体,人类社会是承灾体的主体部分。在特定的受灾区域,当致灾因子强度和孕灾环境大致相近条件下,造成的财产经济损失程度随承灾体价值、数量的增大而增大。干旱灾害的承灾体,可分为农业、城市和生态环境,也可分为生命线系统和生产线系统。

这三个要素在干旱灾害的形成过程中缺一不可,只不过是在灾情大小的发展方面,各要素的特征变化对灾情程度的作用不同而已,不存在谁是决定因素或谁是次要因素,它们都是形成灾害的必要与充分的条件。

（六）干旱灾害影响

根据干旱灾害影响范畴来分,可以分为干旱灾害对经济发展、自然环境和人类社会的影响三个方面,详见表1。

表1　干旱灾害的可能影响

影响范畴		可能影响
经济发展	农业生产	种植业:土地生产力降低、作物播种延误、病虫害蔓延、作物减产等
		畜牧业:牧草生长差、牲畜缺水缺料、草场载畜量降低、牲畜掉膘死亡等
		林业:森林土地生产力降低、病虫害蔓延、森林火灾、木材产量降低等
		渔业:鱼类栖息环境改变、鱼类死亡等
	工业发展	企业缺水停工、缺电停产、开工时间缩短、工业原料缺乏等
	服务行业	服务业限制用水、限时供水等
自然环境	水资源	河流断流、湖泊萎缩、地下水位下降、水质退化、水环境恶化等
	土地资源	土壤沙化、盐碱化、草场退化、地表植被破坏、水土流失加剧等
	生物资源	湿地面积减小、动植物濒临灭绝、生物多样性减少等
人类社会	生活质量	人畜饮水困难、城市限时限量供水、水质恶化等
	社会稳定	饥荒泛滥、瘟疫流行、战争爆发、社会动荡等

根据干旱灾害影响方式来分,可以分为直接影响和间接

影响两方面。直接影响表现为对实物形态的财产、资产、资源等的影响,包括对农林畜渔业以及工业等直接造成的影响、因旱减少水力发电、航运受阻等。间接影响,包括间接停减产影响、产业关联影响和旱灾关联影响。间接停减产影响,是指由于因旱导致灾区减产,使其他部门因原材料供应不足或中断停工停产,如农、牧业减产导致工业原料不足造成产值下降;再如因水力发电量下降,使煤、油等燃料供应压力增加等。产业关联影响是一个产业部门因旱受灾后,对未受灾地区相关产业部门间接造成的影响。旱灾关联影响,是指伴随旱灾而产生的次生灾害造成的影响,如农作物病虫害、草场虫鼠害、森林火灾、土地沙漠化、海水入侵以及地面沉降引发的地质灾害等。

(七)干旱灾害预防与应对

干旱灾害是自然气象因素波动与人类社会经济活动相互作用的产物。对于自然气象要素的波动,人类尚无法左右,但可以通过调整自身的行为预防和减轻干旱灾害的影响和损失。因此,为了最大限度地减轻干旱灾害的影响和损失,我国始终坚持以防为主、防抗结合的抗旱减灾方针。

“凡事预则立,不预则废”。多年来的抗旱减灾实践充分表明主动预防旱灾可以取得事半功倍的效果。坚持预防为主,要求人们在思想上高度重视,行动上坚持不懈地抓好抗旱减灾能力建设。做好预防工作,就是要做到未雨绸缪,有备无患。抗旱减灾能力的建设和提高涉及方方面面,如加强旱情监测体系建设、根据气候变化情况等对干旱来临的时间和程度进行综合分析、制定操作性较强的抗旱应急预案、完善蓄引提调等工程、加强抗旱应急备用水源建设、加强抗旱信息管理、做好抗旱物资储备、进行产业结构调整、推行节水型社会建设等。

但要做到最大限度地减轻干旱灾害的影响和损失，还需要采取积极的措施抗御干旱灾害。目前，我国已基本形成工程措施和非工程措施相结合的综合抗旱减灾体系。其中，工程体系主要包括蓄水工程、引水工程、提水工程、调水工程、节水灌溉工程、抗旱应急水源工程以及其他工程措施；非工程体系主要包括组织体系、法规制度、抗旱规划、抗旱预案、信息管理、经费及物资保障、抗旱服务组织、抗旱水量调度及农业抗旱节水技术等。

二、抗旱工程体系

抗旱工程体系主要由蓄水工程(包括水库、塘坝、水窖等)、引水工程(包括有坝引水、无坝引水)、提水工程(包括机电排灌站和机电井)、调水工程等构成。

(一)蓄水工程

常见的蓄水工程按蓄水量从大到小分别有水库、塘坝和水窖。在利用河川或山丘区径流作灌溉水源时,壅高水位,可在适当地段筑拦河坝以构成水库;还可修筑塘坝等拦截地面径流;也可修建水窖集雨蓄水。通过建设蓄水工程,可以达到调节径流、以丰补歉、发展灌溉、增加供水等目的,从而提高抗旱减灾能力。

1. 水库

(1)水库分类及作用

按水库库容的不同,水库可分为大型水库(总库容为1亿立方米以上)、中型水库(总库容为0.1亿~1亿立方米)、小型水库(总库容为10万~1000万立方米)。其中,小型水

库又可分为小(一)型水库和小(二)型水库,总库容分别为
100万~1000万立方米和10万~100万立方米。

降落在流域地面上的降水(部分渗至地下),由地面及地
下按不同途径泄入河槽后的水流,称为河川径流。由于河川
径流具有多变性和不重复性,在年与年、季与季以及地区之间
来水都不同,且变化很大。大多数用水部门(例如灌溉、发
电、供水、航运等)都要求比较固定的用水数量和时间,它们
的要求经常不能与天然来水情况完全相适应。人们为了解决
径流在时间上和空间上的重新分配问题,充分开发利用水资
源,使之适应用水部门的要求,往往在江河上修建一些水库工
程。水库的兴利作用就是进行径流调节,蓄洪补枯,使天然来
水能在时间上和空间上较好地满足用水部门的要求。水库在
发展灌溉、抗御水旱灾害、保证农业稳产高产、保障人民生命
财产安全、提供城乡用水、发展农村经济等方面发挥了作用,
取得了极其显著的经济效益和社会效益。

(2)小型水库的规划布置要点

水库工程是否安全可靠,对政治、经济和人民生活都有很
大影响。因此,修建水库之前必须对水库及附近地区的地形、
地质、水文和自然地理条件进行实地勘测,对社会经济情况进
行全面的了解和分析研究,为工程设计提供必要的资料。

水库库址的选择非常重要,关系到工程的安全、造价及经
济效益等,在尽量利用天然地形的指导思想下,主要从以下几
方面考虑:①坝址处的谷口要窄、蓄水库容要大,即满足"口
小肚大"的原则。②坝址的上游地形要平坦开阔,河流纵坡
要比较平缓。③集水面积要适当,而坝址以上的集水面积最

好为灌溉面积的 1.5～2.0 倍。④地质条件可靠。坝基和大坝两岸山坡的地质条件要好，不漏水，如有漏水，也必须能堵塞。大坝不宜修筑在不能堵塞的岩层断裂带或有洞口的地基上。⑤坝址附近要有足够的和质量较好的筑坝材料。⑥坝址处要具备利于修筑各种建筑物和便于施工的条件。⑦水库要靠近灌区，最好是在容易修建渠道的地方。因为水库离灌区太远，渠道长，渠系建筑物会相应增多，放水时，沿途的渗漏损失也大，很不经济。⑧在能够获得相同效益的条件下，水库的淹没范围要小，移民的户数要少。

2. 塘坝

(1)塘坝分类及作用

塘坝是指拦截和贮存当地地表径流的蓄水量不足 10 万立方米的蓄水设施，是广大农村尤其是丘陵地区灌溉、抗旱、解决人畜用水等的重要水利设施。根据蓄水量的大小不同，塘坝可分为大塘和小塘。大塘，又叫当家塘，蓄水量超过 1 万立方米，与小塘相比，其灌溉面积大，调蓄能力强，作用大，成效好。根据水源和运行方式的不同，塘坝可分为孤立塘坝和反调节塘坝两类。孤立塘坝的水源主要是拦蓄自身集水面积内的当地径流，独立运行(包括联塘运行)，自成灌溉体系；反调节塘坝除拦蓄当地径流外，还依靠渠道引外水补给渠水灌塘、塘水灌田，渠、塘联合运行，"长藤结瓜"，起反调节作用。

塘坝具有分布范围广、数量多、作用大、投工投资少等特点，可就地取材，施工技术简单，群众能够自建、自管、自用，一般能当年兴建、当年受益。相比其他小型蓄水工程，塘坝具有以下几个显著优点：①可以充分拦蓄当地径流、分散蓄水、就近灌溉、就地受益、供水及时、管理方便，适应丘陵地区地形起伏、岗冲交错中分散农田的灌溉（岗：较低而平的山脊；冲：山区的平地）。同时还可以缩短输水距离与灌水时间，减少水量损失，提高灌水效率，并有利于节水灌溉措施的推广。②利用塘坝蓄水灌溉，可以减小灌区提、引外水工程的规模，同时可减小渠首及各级渠道和配套建筑物的设计流量，相应减小渠道断面和建筑孔径，从而节省其工程量和投资。③可以拦蓄一部分灌区废弃水和灌溉回归水，增加灌区供水量，缓解灌区水量不足的矛盾。同时还可调节水量，削减引用外水高峰，减少用水矛盾，提高灌溉保证率，扩大灌溉面积，并能节水节能，降低灌溉成本、减轻农民负担。④塘坝蓄水浅，水温高，在低温季节引塘水灌田有利于农作物生长。如利用塘坝提高水温，促进水稻增产。而大中型水库放水灌溉，由于库大水深，经底涵放出的水，水温较低，直接灌田会造成寒害，对水稻生产不利，影响产量。⑤塘坝可以缓洪减峰，防治水土流失，减轻农田洪涝灾害损失。⑥利用塘坝进行综合开发，解决人畜用水，发展"塘坝经济"，可以促进当地农、林、牧、副和渔业发展，增加农民收入，扩大农村就业门路，发展农村经济，改变农村面貌。

（2）塘坝的规划布置要点

塘坝建设要因地制宜，讲求实效，注意新建与改造相结合，充分利用当地有利条件和水土资源，挖掘现有水利设施潜力，做到有水可蓄、有田可灌，注重综合利用。在规划塘坝时，要符合当地水利、农业、林业、村庄、道路和农电的总体规划。

在规划塘坝时要注意三点：一是有一定的集水面积（即来水量），或有足够的补给量（包括引水、提水）；二是要有一定的调蓄容量，即合适的塘面、塘深和塘容；三是要有一定的灌溉面积（包括提塘水灌溉面积），尽量做到自流灌溉。上述三点互相关联，规划时必须根据水量供需平衡的原理，算清来水、蓄水和需水，科学合理地确定塘坝的布局、蓄水量和灌溉面积，优化配置水资源，做到统筹兼顾，综合利用。

塘坝的规划中，塘址的选择很重要，关系到工程的造价及安全，主要从以下几方面考虑：①地形条件好，位置高，塘容大，自流灌溉面积大；淹没占地少，有适宜修建溢洪道的位置；工程简单，土方和配套建筑物少；费用省，用工少。注意选择"两岗夹一洼，中间筑个坝"这种集水面积大、筑坝较容易的地方，多建一些大容量的当家塘。②地质条件好，工程安全可靠，渗漏损失小，能蓄住水。③水源条件好，集水面积大，来水量丰富，无严重污染源、淤积源。④靠近灌区，"塘跟田走"，连接渠道短，输水损失小。⑤施工及交通方便，附近有合适的筑塘土料，取土运土方便，最好能利用挖塘土筑塘埂。⑥行政区划单一，归属权界定清楚，尽量避免水源、用水和占地矛盾。⑦综合利用效益大。⑧有人畜用水要求的，尽量靠近村庄，或选择位置较高处，能自压给水。

3. 水窖

（1）水窖分类及作用

水窖是雨水集蓄利用的主要形式之一，又称为旱井。按水窖用途的不同，可分为人畜饮水水窖和灌溉水窖。前者多建于家庭和场院附近,主要是为了取水方便,建筑材料一般就地取材,水窖容积相对较小,提水设备以人力为主(手压泵);用于灌溉的水窖多建于田边地头,容积相对较大,提水设备包括动力(微型电泵)和人力。按水窖建造形式的不同,可分为球形水窖、瓶形水窖、圆柱形水窖、窑式水窖、盖碗式水窖和茶杯式水窖等,其中球形水窖、瓶形水窖、圆柱形水窖和窑形水窖最为常见。球形水窖,窖容大多在20～30立方米,多采用混凝土修筑而成,其特点是经久耐用,但施工要求技术较高;瓶形水窖,窖容大多为20～50立方米,可用混凝土、砖砌、胶泥、塑膜等材料修成,其特点是施工简单、深度可以较大;圆柱形水窖,窖容多在50立方米左右,蓄水量较大,多用混凝土现浇和砖砌修建而成,由于体积较大所以对防渗处理要求较严;窑式水窖,窖容一般在50～100立方米,其断面呈长方形,由于跨度较大,施工要求较高,尤其对窖拱的设计甚严,投资较高,多用于经济效益高的果园或经济作物。

　　修建水窖的主要目的是解决人畜饮用水困难、发展农业灌溉等。相比其他小型蓄水工程,水窖具有适应性强、工程规模小、施工技术简便、工期短、可就地取材、费用低、供水成本低廉等显著特点。在缺乏地表水或地下水,或开采利用困难,但多年平均降水量在250～550毫米之间的旱地农业区,或在季节性缺水严重但降雨充沛的旱山、石山、丘陵地区,可以考虑开发利用雨水资源,兴建微型集雨工程。在我国西北黄土高原丘陵沟壑区及华北干旱缺水山丘区,水资源极为紧缺,多年平均降雨量仅为250～600毫米,且60%以上集中在7至9月,与作物需水期极为不匹配;在西南一些山区,尽管年降雨量达 800～1200 毫米,但85%的降雨集中在夏、秋两季,且这些地区多属喀斯特地貌,河谷深切、地下水埋藏深、耕地和农民居住分散、水资源开发难度大、不具备修建大型骨干水利工程的条件等,是其季节性干旱缺水的主要原因。在上述地区,大力开发水窖等微型集雨工程是解决贫困山区人畜饮用水困难和确保农业灌溉可持续发展的有效途径之一。

（2）水窖的规划布置要点

水窖的规划应遵循以下几项原则:①因地制宜的原则。由于水窖的类型多样及各地工程条件的差异,所以要根据当地的实际情况,因地制宜地选用合适的集流场和水窖的类型。②多目标利用的原则。尽量将人畜饮用水、养殖、庭院经济统一考虑,合理确定规模。③与当前农村管理体制相适应的原则。④突出效益发挥的原则。在解决人畜饮用水的基础上,利用水窖发展高效农业,提高工程的效益。

水窖选址是关键,选址是否合理,直接关系到是否能够达到预期的蓄水效果。选址不当,不是蓄不住水,就是坍塌、淤积,或者实际使用年限达不到设计要求。水窖窖址要具备集水容易、引蓄方便的条件,按照少占耕地、安全可靠、来水充足、水质符合要求和经济合理的原则进行。具体如下:

第一,窖址应选在降水后能产生地表径流,有一定集水面积且能自流入窖的地方。一般采用自然坡面、屋面集雨作为水源,其选择原则是能最大限度拦蓄地面、屋面、路面和场院径流以及引蓄泉水及其他骨干水利工程可提供补充水量的条件。有条件的地方最好能选择靠近泉水、引水渠、溪沟、道路边沟等便于引蓄天然径流的场所;如无引蓄天然径流条件的,需开辟新的集雨场,修建引洪沟引水。

第二,主要用于解决生活用水的水窖,应选在庭院或场院的较低处,便于集水、引水、取水和用水;主要用于灌溉的水窖,应选在灌溉农田附近并尽量高出农田,集水、引水和取水都比较方便的地方,坡面集雨应充分利用地形高差多建自压灌溉水窖。

第三,窖址应选在土质坚硬且均匀的土层上,且无裂缝、无滑坡、无陡坡、无陷穴的地方,应远离沟边 20 米以上,切忌建在大树、隐穴等地质条件不好的地方。

(二)引水工程

1. 引水工程分类

引水工程是指从河道等地表水体自流引水的工程(不包括从蓄水、提水工程中引水的工程)。在我国,引水灌溉工程具有非常悠久的历史。早在公元前 605 年,孙叔敖主持兴建了我国最早的大型引水灌溉工程——期思雩娄灌区。在史河东岸凿开石嘴头,引水向北,称为清河;又在史河下游东岸开渠,向东引水,称为堪河。利用这两条引水河渠,灌溉史河、泉河之间的土地。因清河长 90 里,堪河长 40 里,灌溉有保障,后世又称"百里不求天灌区"。经过后世不断续建、扩建,灌区内有渠有陂,引水入渠,由渠入陂,开陂灌田,形成了一个"长藤结瓜"式的灌溉体系。直到今日,江河引水灌溉仍然是非常重要的水利工程设施之一,在发展农业灌溉、抵御干旱灾害、促进农业生产等方面发挥了重要的作用。

　　根据河流水量、水位和灌区高程的不同,可分为无坝引水和有坝引水两类。当灌区附近河流水位、流量均能满足灌溉要求时,即可选择适宜的位置作为取水口修建进水闸引水自流灌溉,形成无坝引水,主要用于防沙要求不高、水源水位能满足要求的情况。无坝引水枢纽是充分利用河流水文、河道地形和区域自然地理条件,直接在河道上引水的水利工程形式,具有工程规模较小,就地取用建筑材料的特点,它使河流的环境功能、水运功能以及地下水与地表水的天然循环机制均得以完善的保持。几千年来,我国南北方各地兴修了许多无坝取水灌溉工程,譬如周代安徽的芍陂,春秋时期关中的郑国渠,战国时期海河流域的引漳十二渠,秦代四川的都江堰,黄河前套宁夏的秦渠、汉渠、唐徕渠,黄河后套内蒙古的众多引水渠等,其中都江堰水利工程堪称无坝引水工程的典范。

　　当河流水源虽较丰富,但水位较低时,可在河道上修建壅水建筑物(坝或闸)抬高水位,自流引水灌溉,形成有坝引水的方式。在灌区位置已定的情况下,与无坝引水相比较,有坝引水虽然增加了拦河坝(闸)工程,但引水口一般距灌区较近,可缩短干渠线路长度,减少工程量,且能有效控制河道水位,增加引水可靠性。在某些山区丘陵地区洪水季节虽然流量较大,水位也够,但洪、枯季节变化较大,为了便于枯水期引水也需修建临时性低坝。有坝引水枢纽由于坝高及上游库容较小,一般只能壅高水位,没有或仅在很小程度上起调节流量的作用,通常适用于河道流量能满足各时期用水要求,但水位低于正常引水位的情况。我国古代典型的有坝引水工程有战国时期修建的古智伯渠、东汉时期的高家堰(今洪泽湖大堤）、浙江丽水的通济堰等。目前,中国较大的有坝引水灌区有湖南省的韶山灌区,河南省的南湾灌区,陕西省的宝鸡峡引渭灌区、泾惠渠灌区、洛惠渠灌区等。

2. 引水工程的规划布置要点

引水工程枢纽的规划布局是否合理,直接关系到工程效益的发挥以及工程安全、造价等。在进行引水工程规划布局时,通常应满足以下要求:

(1)适应河流水位涨落变化,满足灌溉用水量要求。

(2)进入渠道的灌溉水含沙量少。

(3)引水枢纽的建筑物结构简单,干渠引水段较短,造价低且便于施工和管理。

(4)所在位置地质条件良好,河岸坚固,河床和主流稳定,土质密实均匀,承载力强。

(三)提水工程

提水工程指从河道、湖泊等地表水或从地下提水的工程(不包括从蓄水、引水工程中提水的工程)。提水灌溉是指利用人力、畜力、机电动力或水力、风力等拖动提水机具提水浇灌作物的灌溉方式,又称抽水灌溉、扬水灌溉。除需修建泵站外,一般不需修建大型挡水或引水建筑物。受水源、地形、地质等条件的影响较小,一次性投资少、工期短、受益快,并能因地制宜地及时满足灌溉的要求,但在运行期间需要消耗能量和经常性地进行维护、修理,其管理费用比自流灌溉较高。

1. 泵站

（1）泵站的作用

泵站是指利用机电提水设备把水从低处提升到高处或输送到远处进行农田灌溉与排水的工程设施。1924 年，中国在江苏武进县湖塘乡建成第一个电力排灌泵站——蒋湾桥泵站。至 1949 年，全国农田排灌动力只有 7.1 万千瓦，机电排灌面积 405 万亩，占当时全国灌溉面积的 1.6%，主要分布在江苏、浙江、广东等地。60 多年来，全国兴建了一大批机电排灌泵站。在大江大河下游（如长江、珠江、海河、辽河等三角洲）以及大湖泊周边的河网圩区，地势平坦，低洼易涝，河网密布，主要发展了低扬程、大流量，以排涝为主、灌排结合的泵站工程；在以黄河流域为代表的多泥沙河流，主要发展了以灌溉供水为主的高扬程、多级接力提水泵站；在丘陵山区，蓄、引、提相结合，合理设置泵站，与水库、渠道贯通，以泵站提水解决了地形高低变化复杂、地块分布零散的问题。

（2）泵站规划布置要点

泵站的总体布置应根据站址的地形、地质、水流、泥沙、供电、环境等条件，结合整个水利枢纽或供水系统布局，综合利用要求，机组型式等，做到布置合理，有利施工，运行安全，管理方便，少占耕地，美观协调，切实做好泵房，进、出水建筑物，专用变电站，其他枢纽建筑物和工程管理用房、职工住房，内外交通、通信以及其他维护管理设施的布置，并根据不同泵站的特殊要求，给予重视，做到科学、合理、经济。

泵站站址选择的一般规定是根据流域（地区）治理或城

镇建设的总体规划、泵站规模、运行特点和综合利用要求,考虑地形、地质、水源或承泄区、电源、枢纽布置、对外交通、占地、拆迁、施工、管理等因素以及扩建的可能性,经技术经济比较选定。泵站站址宜选择在岩土坚实、抗渗性能良好的天然地基上,不应设在大的和活动性的断裂构造带以及其他不良地质地段,如遇淤泥、流沙、湿陷性黄土、膨胀土等地基,应慎重研究确定基础类型和地基处理措施。在进行泵站站址的选择时,还要特别注意泵站用途的不同选择合适的位置。由河流、湖泊、渠道取水的灌溉泵站,其站址应选择在有利于控制提水灌溉范围,使输水系统布置比较经济的地点。灌溉泵站取水口应选择在主流稳定靠岸,能保证引水,有利于防洪、防沙、防冰及防污的河段;否则,应采取相应的措施。由潮汐河道取水的灌溉泵站取水口,还应符合淡水水源充沛、水质适宜灌溉的要求。直接从水库取水的灌溉泵站,其站址应根据灌区与水库的相对位置和水库水位变化情况,研究论证库区或坝后取水的技术可靠性和经济合理性,选择在岸坡稳定、靠近灌区、取水方便、少受泥沙淤积影响的地点。灌排结合泵站站址,应根据有利于外水内引和内水外排,灌溉水源水质不被污染和不致引起或加重土壤盐渍化,并兼顾灌排渠系的合理布置等要求,经济合理,比较选定。供水泵站站址应选择在城镇、工矿区上游,河床稳定、水源可靠、水质良好、取水方便的河段。梯级泵站站址应根据总功率最小的原则,结合各站站址地形、地质条件,经济合理,比较选定。

抽水方式的选择是指在确定了水源和灌区范围以后,采用一处集中建站,还是几处多点建站,是单级抽水,还是多级抽水来达到提水灌溉的目的。一般在灌区面积较小,地形比较单一,扬程又不大时,多采用单级扬水,一处建站;如果灌区面积较大,地形复杂,抽程有高有低,则多采用分区建站、多级扬水。不管是站址还是抽水方式的选择,都要综合考虑各种条件,具体情况具体分析。往往还要对不同的方案进行分析比较,使抽水站既能满足灌溉要求,又能经济合理。

2. 机电井

（1）机电井作用

在我国,机电井的发展主要经历了20世纪五六十年代的初步开发阶段、70年代的大规模建设阶段和八九十年代的巩固发展阶段。截至2005年底,全国机电井共计478.57万眼,灌溉面积达2.56亿亩,其中河南、山东、河北三省分别达到122万眼、107万眼和92万眼。机电井的作用主要有以下几个方面:

①发展了农业灌溉,促进了农业高产稳产。为缓解地表水资源不足的矛盾,抗旱保生产,北方17省（市、区）1200多个县（旗）都先后开展了打井的工作,开发利用地下水,发展井灌面积2.56亿亩,占北方地区总灌溉面积的1/3,河北、河南、黑龙江、内蒙古、北京机电井灌溉面积占有效灌溉面积的比例都超过半数以上,山东、山西、吉林、辽宁等省也接近一半。年提取地下水400亿～500亿立方米,对改变北方地区农业生产面貌,促进农业增产起到了重要作用。五六十年代,北方地区粮食不能自给,需要从南方调入。到1979年,北方仅9个省（区、市）的粮食总产就达到1011.15亿公斤,占全国

粮食总产量的30.44%。

②改善和开辟了缺水草场,发展了牧区水利。北方84个牧区县(旗),有79个县(旗)装备了打井队,建成供水基本井3100多眼,加上其他小型水利设施,改善供水不足草原和开辟无水草原11万平方公里,发展饲草饲料基地灌溉面积6.1万亩,为牧业发展创造了条件。

③解决了部分地区人畜饮水困难。在长期缺水的山丘区、牧区、黄土塬区和地方病区,通过打井,开发利用地下水,解决了约2亿多人和1亿多头大牲畜的饮水困难,同时发展了农田灌溉,许多地方结束了"滴水贵如油,年年为水愁"的历史。

(2)机电井规划布置要点

为使地下水的开发能够有计划和有控制地进行,在制定地下水开发利用规划时,应根据各含水层的可采资源,确定各层水井数目和开采水量,做到分层取水,浅、中、深合理布局。在浅层淡水比较充足的地区,以开采浅层水为主,将深层水作为后备水源,平时尽量减小深层水的开采量,以备大旱和连旱之年抗旱保收之用。在浅层淡水缺乏又无地面水可供利用的地区,为了保证工农业用水需要,在一定时期内可以有计划地开采深层水,但必须预见到地下水位下降、地面下沉和咸水界面下移等现象出现的可能性,争取在这些现象发生之前,采取有效措施,确保工农业用水的需要。机电井的平面布置应根据水文地质条件、地下水资源状况并与地形、提水机械、老井和作物布局等情况结合起来考虑,保证在任何时间灌溉工作都能正常进行,在多年应用中取水量不减少,取水条件不恶化。

我国地域辽阔,水资源状况差异悬殊,地下水类型、埋藏深度和含水层性质等取水条件以及取材、施工条件和供水要求各不相同,开采地下水的方法和取水建筑物的选择必须因地制宜,参见表2。管井具有对含水层的适应能力强,施工机械化程度高、效率高、成本低等优点,在我国应用最广;其次应用较多的是大口井;辐射井适应性虽强,但施工难度大。

表2　各种机电井类型适用表

井型	适用范围				出水量
	地下水类型	地下水埋深	含水层厚度	水文地质特征	
管井	潜水,承压水	200m 以内,常在 70m 以内	大于 5m 或有多层含水层	砂、砾石、卵石地层及构造裂隙、岩溶裂隙地带	单井出水量 500～6000m³/d,最大 2 万～3 万 m³/d
大口井	潜水,承压水	一般 10m 以内	一般 5～15m	砂、砾石、卵石地层,渗透系数最好在 20m/d	单井出水量 500～1 万 m³/d,最大 2 万～3 万 m³/d
辐射井	潜水,承压水	埋深 12m 以内,辐射管距隔水层应大于 1m	一般大于 2m	补给良好的中粗砂、砾石层,但不可含有漂石	单井出水量 5000～5 万 m³/d,最大 31 万 m³/d

(四)调水工程

1. 调水工程作用

调水即指将水资源从一个地方(多为水资源量较丰富的地区)向另一个地方(多为水资源量相对较少或水量紧缺的

地区)调动,以满足区域或流域经济、社会、环境等的持续和发展对水资源量的基本需求,解决由于区域内水量分配不均或其他原因引起的非人力因素无法解决的区域局部缺水问题及由于缺水而引发的其他方面的问题。调水工程,是指为了从某一个或若干个水源取水并沿着河槽、渠道、隧洞或管道等方式送给用水户而兴建的工程。调水工程是一种工程技术手段,它可解决水资源与土地、劳动力等资源空间配置不匹配的问题,实现水与各种资源之间的最佳配置,从而有效促进各种资源的开发利用,支撑经济发展。本节侧重讨论跨流域调水工程,即指通过在两个或多个流域之间调剂水量余缺所进行的合理水资源开发利用工程。

2. 调水工程规划研究要点

为了提高调水工程规划的合理性,使工程实现社会、经济、生态环境效益最大、不利影响最小的目标,在规划研究中需要对以下一些问题进行重点研究。

(1)确定可调水量

兴建调水工程的先决条件包括三个方面:即水量调入区对水有紧迫需求、水量调出区在满足自身当前和未来社会经济可能发展水平的用水需求条件下,有多余水可供外调和水量通过区可以解决输水和蓄水问题。但现在的问题是,调入区往往过分强调供水补给而忽视了对用水实际需求的研究,调出区则过多地强调本地区社会经济发展的相对重要性而增大本地区未来的用水需要量。因此,需要正确评估水量调入区的用水需求和水量调入区未来社会经济发展水平,从而确定调水工程可调水量大小。

(2)环境影响评估

实施调水工程之后,一些流域和地区的水量会减少,另一些流域和地区的水量则增多,这种水资源量时空分布的人工干预势必会对工程全线的水质与生态环境等产生影响。调水工程的环境影响主要涉及水量调出区、水量通过区和水量调入区三个方面,在进行调水工程规划管理时需要慎重分析评估,并制定相应的应对措施,以期将不良影响降至最小。

(3)工程技术问题

在调水工程规划设计时,为了充分发挥工程效益,需要对输水渠道工程规模、调蓄设施的工程布局、输水沿线涉及大量的渠系建筑物和交叉建筑物、提水泵站的合理规模和级配等一些工程技术问题进行深入科学的研究。

(4)政策经济问题

在调水工程规划设计阶段,还需对工程有偿供水原则和价格管理体系、运行管理机制、运行管理过程中出现争水矛盾与利益冲突问题的处理方法、水质保护的政策、法规及监督机制、水权转让的法制法规建设和对水量调出区的经济补偿政策、兴建调水工程的集资政策与投资分摊政策等可能涉及的政策经济问题予以考虑。

(五)节水灌溉工程

节水灌溉是根据作物需水规律及当地供水条件,高效利用降水和灌溉水,用尽可能少的水投入,取得尽可能多的农作物产出的一种灌溉模式,目的是提高水的利用率和水分生产率。节水灌溉不是简单地减少灌溉用水量或限制灌溉用水,而是更科学地用水,在时间和空间上合理分配和使用水资源。节水灌溉是相对的概念,不同的水源条件、自然条件和社会经济条件,对节水灌溉的要求也不同。

20 世纪50~70 年代末,我国开展了灌区计划用水、渠道防渗、改进沟、畦灌溉技术等工作,但总体来说,灌溉发展以外延为主,管理比较粗放,用水效率较低,全国灌溉水利用率约为30%左右,正常年份全国平均灌溉水量为亩均 520 立方米。20 世纪 80 年代,随着经济社会的发展,城乡争水、工农业争水矛盾日益突出,农业对干旱缺水的敏感程度增大,受旱面积增加,经济发达地区传统农业向现代农业转变的进程加快,对灌溉提出了新的、更高的要求,开始用灌溉经济学和系统工程学的原理评价灌溉行为,即不但要取得最优的灌溉效果,同时要具有更高的灌溉效率。以有限的费用,最大限度地获得单位水量之最佳灌溉效益为目标的灌溉方式,国外称为"高效用水",我国称为"节水灌溉"。

1. 渠道防渗工程

所谓渠道防渗工程技术,即为了减少输水渠道渠床的透水性或建立不易透水的防护层而采取的各种技术措施,其主要作用如下:(1)减少渠道渗漏损失,节省灌溉用水量,更有效地利用水资源。(2)提高渠床的抗冲能力,防止渠坡坍塌,增加渠床的稳定性。(3)减小渠床糙率系数,加大渠道流速,提高渠道输水能力。(4)减少渠道渗漏对地下水的补给,有利于控制地下水位和防治土壤盐碱化。（5）防止渠道长草，减少泥沙淤积，节省工程维修费用。（6）降低灌溉成本，提高灌溉效益。

按照渠道防渗选用的材料，可将渠道防渗工程分为土料防渗渠道、水泥土防渗渠道、砌石防渗渠道、混凝土防渗渠道、沥青混凝土防渗渠道和膜料防渗渠道。

为了保证防渗渠道的稳定性，提高渠道过水能力，在选择渠道断面形式时，需要综合考虑以下几个因素：水力条件好，抗冻膨胀性能好，输沙能力强，投资小，施工方便。防渗渠道常用的断面形式有矩形、梯形、弧形底梯形、弧形坡脚梯形、U形和复合形。U形断面适宜于小型渠道，弧形底梯形适用于中型渠道，弧形坡脚梯形适用于地下水埋深较浅地区的大、中型渠道。

2. 低压管灌工程

低压管灌，即低压管输水灌溉，其管道系统的工作压力一般不超过0.2Mpa，是以低压管道代替明渠输水灌溉的一种工程形式。采用低压管道输水，可以大大减少输水过程中的渗漏和蒸发损失，使输水效率达95%以上，比土渠、砌石渠道、混凝土板衬砌渠道分别多节水约30%、15%和7%。对于井灌区，由于减少了水的输送损失，使从井中抽取的水量大大减少，因而可减少能耗25%以上。另外，以管代渠，可以减少输水渠道占地，使土地利用率提高2%～3%，且具有管理方便、输水速度快、省工省时、便于机耕和养护等许多优点。因此，对于地下水资源严重超采的北方地区，井灌区应大力推行低压管道输水技术,特别是新建井灌区,要力争实现输水管道化;近几年南方经济条件的渠灌区也在大力推广低压管灌。由于低压管道输水灌溉技术的一次性投资较低(与喷灌和微灌相比),要求设备简单,管理方便,农民易于掌握,故特别适合我国农村当前的经济状况和土地经营管理模式。截至2005年底,我国共发展低压管灌面积9902万亩,占耕地节水灌溉面积的33.6%。

低压管灌系统一般可分为固定式、半固定式和移动式三种。固定式低压管灌系统中,各级管道及分水设施均埋入地下,固定不动,给水栓或分水口直接分水进入田间沟、畦。具有运行管理方便,灌水均匀的优点,但由于其投资较大而对其广泛应用有所限制。半固定式低压管灌系统中,地下输水管道和给水栓是固定的,而地面软管是可以移动的,灌水时,移动软管接在给水栓上,利用移动软管进行灌溉。移动式低压管灌系统中,机泵和地面管道都是可以移动的。输水软管是用每节15～30米的塑料软管套接而成,拆装方便,灌溉面积较大时,可在塑料软管上分接2～4个移动胶管进行灌溉。移动式低压管灌系统具有一次性投资较低、适应性强、使用方便的优点,可一户和多户联合投资使用,尤其适用于农村现在的生产经营水平和分散的经营管理体制。

3. 喷灌工程

喷灌是利用水泵加压或自然落差将水通过压力管道输送到田间,再经喷头喷射到空中后形成细小的水滴(近似于天然降水洒落在农田),从而灌溉农田的一种先进的灌水方法。

截至 2005 年,全国共发展喷灌面积 4181 万亩,占耕地节水灌溉面积的 14.2%。

与传统的地面灌水方法相比,喷灌具有明显的优点:(1)灌水均匀,用水量省。喷灌通常采用管道输、配水,输水损失很小。由于喷灌利用喷头直接将水比较均匀地喷洒到作业面上,田面各处的受水时间相同,只要设计正确和管理科学,不会产生明显的深层渗漏和地面径流,其灌水均匀度可达80%～90%,水的利用率可达60%～85%,与地面灌溉相比,一般可以省水 20%～40%。(2)作物产量高。由于喷灌能适时适量灌溉,可有效地调节土壤水分,使土壤中水、热、气、营养状况良好,并能调节田间小气候,有利于作物的生长,一般可增产 10%～20%。(3)适应性强。喷灌对土地的平整性要求不高,可适应地形复杂的岗地、缓坡地,也可适应透水性较强的土壤(如沙土),多数情况下无需为灌溉而平整土地和控制地面坡度。(4)可用于防止或减小灾害性天气对作物的影响。例如可以用喷灌防止霜冻、提高空气湿度、降低局部气温等。(5)省地省工。喷灌可节省田间渠系占地,一般可提高土地利用率 7%～10%。喷灌的机械化程度高,适应性强,可大大减轻灌水的劳动强度,避免平整土地、修筑田埂和田间沟渠等重复劳动,从而提高作业效率。

但喷灌也存在一些缺点,如受风的影响大、设备投资高、耗能大等。

喷灌系统的形式很多,种类各异。按系统获得压力的方式可分为机压式喷灌系统和自压式喷灌系统;按系统设备组成可分为管道式喷灌系统和机组式喷灌系统;按系统中主要组成部分是否移动和移动的程度可分为固定式、移动式和半固定式;按喷洒特征可分为定喷式喷灌系统和行喷式喷灌系统。

4. 微灌工程

微灌是指按照作物生长所需的水分和养分,利用专门设备或自然水头加压,再通过系统末级毛管上的孔口或灌水器,将有压水流变成细小的水流或水滴,直接送到作物根区附近,均匀、适量地施于作物根层所在部分土壤的灌水方法。因其只湿润主根层所在的耕层土壤,所以微灌又称为"局部灌水方法"。微灌技术是当前世界上诸多节水灌溉技术中省水率最高的一种先进节水灌溉技术。微灌不仅具有以补充降雨不足为目的的灌水功能,同时还特别适合为作物输送液态化肥、除草剂等化学药剂,且便于实现自动控制。但是微灌系统的运行管理、规划设计和安装调试以及对水质的要求都较高。不过,目前我国微灌面积还比较小,截至 2005 年底,全国共发展微灌面积 930 万亩,仅占耕地节水灌溉面积的 3.2%。

与传统地面灌水方法(沟、畦灌等)和喷灌相比,微灌的最大特点是局部湿润土壤,具有灌水量小、灌水质量较高等特点,具有省水、节能、灌水均匀、适应性强、节省劳动力和耕地等优点。当然,也存在一些缺点,如易于堵塞、可能引起盐分积累、可能限制根系的发展、造价一般较高等。

微灌的分类方法主要有以下两种:

(1)按配水管道在灌水季节中是否移动分,可分为固定式、半固定式和移动式等。固定式微灌系统的各个组成部分在整个灌水季节都是固定不动的,干管、支管一般埋在地下,毛管有的埋在地下,有的放在地表或悬挂在离地面几十厘米高的支架上,常用于灌溉经济价值较高的作物。半固定式微灌系统的首部枢纽及干、支管是固定的,毛管和其上的灌水器是可以移动的。移动式微灌系统各组成部分都可移动,在灌溉周期内按计划移动安装在灌区内不同的位置进行灌溉。半固定式和移动式微灌系统提高了微灌设备的利用率,降低了单位面积的投资,常用于大田作物,但操作管理比较麻烦,适合在干旱缺水、经济条件较差的地区使用。

　　(2)按灌水器种类的不同分,微灌可分为滴灌、微喷灌、渗灌、涌灌和雾灌等。滴灌即滴水灌溉,是利用塑料管道和孔口非常小的滴水器(滴头或滴灌带等),降低水的动能,使水一滴一滴缓慢而均匀地滴在作物根区土壤中进行局部灌溉的灌水形式。微喷灌又称微型喷洒灌溉,是利用塑料管道输水,通过很小的喷头(微喷头)将水喷洒在土壤或作物表面进行局部灌溉的一种灌溉方式,主要用于果树、经济作物、花卉、草坪和温室大棚等的灌溉。渗灌又称地表下灌溉或地表下滴灌,是通过埋在地下作物根系活动层(约20～50厘米)的滴灌带上的滴头或渗头将水灌入土中的灌水方式。涌灌又称为涌泉灌溉、小管灌溉,是通过从开口小管涌出的小水流将水灌入土壤的灌水方式。雾灌又称弥雾灌溉,与微喷相似,只是工作压力较高(可达200～400kpa),喷出的水滴极细(直径0.1～0.5毫米),灌水时形成水雾以调节田间空气湿度。

（六）抗旱应急水源工程

1. 抗旱应急水源工程作用及分类

目前,全国农村仍有 2.5 亿多人口饮用水不安全,每当发生严重旱情的时候,广大农村都会出现上千万群众生活用水短缺,需要动用大量人力、物力给群众拉水送水或者实施跨流域调水,这些应急措施不但投入大、成本高,而且难以满足广大群众的用水需要。另外,一些城市的供水水源单一,缺少应有的备用水源,难以应对特大干旱、咸潮、水污染等引发的供水危机。解决群众因旱饮水困难是我国全面建设小康社会的一个重大问题,历来受到党中央、国务院的高度重视和社会各界的广泛关注。因此,抗旱应急备用水源建设是今后一个时期抗旱工作的首要任务。

全国许多城市都非常重视应急水源工程建设。北京市目前已建成日供 33 万立方米的怀柔应急备用水源。天津市建成蓟县等应急地下水源,目前已投入使用。大连市实施了引碧入连、引英入连应急供水工程。长春市完成了引松入长一、二期工程,城市供水能力大大提高。哈尔滨市建成松花江应急供水工程,从松花江取水的最低水位降低了 1 米。舟山市建成海底大陆引水工程,从大陆向海岛日引水 8.6 万立方米。2001 年国家安排国债资金 12.4 亿元,支持北方 10 省(区、市)的 16 个城市开展应急水源工程建设,这些应急工程在确保城市供水安全中发挥了巨大作用。

抗旱应急水源工程是抗旱减灾的基础,包括城镇抗旱应急水源工程、农村抗旱应急水源工程(包括农村饮用水应急水源工程、农业抗旱应急水源工程)、生态抗旱应急补水工程等。

2. 抗旱应急水源工程规划布局要点

在进行抗旱应急水源工程总体规划布局时,应遵循以下原则:

(1)在流域和区域水资源配置总体格局和供水水源总体布局的前提下,根据区域自然地理特点、经济社会发展要求,充分考虑现有工程设施条件,结合水资源条件及承载能力提出新建抗旱应急水源工程总体布局方案。

(2)抗旱应急水源工程规划要根据不同典型干旱年水资源供需分析结果,综合考虑规划具体目标,明确规划工程所要解决的缺水范围和程度,确定工程建设规模,从规划工程建设条件(如:水资源状况、水源条件、地形、地质等)、规划工程建设标准(水量、水质和水源保证率)等方面论证工程建设的可能性,因地制宜地选择工程类型。

(3)在抗旱应急水源工程布局时,应优先考虑城乡居民生活用水,兼顾重点工业、农业和生态区基本用水。

(4)根据我国不同区域的特点进行抗旱应急水源工程规划布局:东北地区水资源相对丰沛,要在现有抗旱水源工程进行配套完善的基础上,以流域和区域水资源配置总体格局为前提,统筹地表和地下抗旱应急水源工程,重点是适度增加地表水蓄、引、提水能力和适当新建地下水机电井。黄淮海地区水资源开发利用程度高,河湖生态亏缺和地下水超采严重。

要根据水资源规划相关成果,特别是南水北调东、中线通水后受水区地下水压采方案及区域供水水源工程总体格局,统筹地表水、地下水、其他水源,全面加强蓄、引、提、调水工程及地下水井供水量的联合调度,在此基础上,针对抗旱具体目标合理安排抗旱应急水源工程,特别是合理安排抗旱应急地下水机电井。西北地区气候干旱,降水稀少,自然生态环境脆弱。要在水资源合理配置格局和生态环境保护的前提下,因地制宜合理规划抗旱应急水源工程,重点是合理建设地下水机电井、实施集雨水窖工程等加强其他水源工程供水以及配置机动抗旱设备等。长江、珠江中下游地区水资源较为丰富,要在加强水资源配置和保护的前提下,合理规划抗旱应急水源工程建设,重点是强化河流、湖泊、水库的联合调度,提高引提水能力,合理布置抗旱应急地下水机动井,并配置必要的机动抗旱设备。西南地区水资源丰富,但季节性缺水问题突出。要以水资源合理配置格局为前提,合理规划抗旱应急水源工程建设,重点是加强抗旱应急蓄、引、提水能力建设,并配置必要的机动抗旱设备。我国沿海岛屿地区淡水资源缺乏,抗旱应急水源工程建设规划重点要加强集雨工程、海水淡化等其他水源工程的供水能力。

(七)水土保持工程

水土保持就是为了防治水土流失,保护、改良与合理利用山丘区、丘陵区和风沙区水土资源、维护和提高土地生产力,以利于充分发挥水土资源的经济与社会效益,建立良好的生态环境的综合性科学技术。截至 2005 年底,全国水土流失综合治理面积达到 94.7 万平方公里,其中小流域治理面积 37.1 万平方公里,累计实施生态修复面积达 60 多万平方公里,累计建成各类水土保持工程 1300 多万座,其中建成黄土高原淤地坝 2.8 万座,对发展山区、丘陵区、风沙区的生产和建设,减轻洪水、干旱、风沙灾害具有重要意义。

根据兴修目的及其应用条件,水土保持工程可以分为山坡防护工程、山沟治理工程、山洪排导工程和小型蓄水用水工程。在规划布设小流域综合治理措施时,不仅应当考虑水土保持工程措施与生物措施、农业耕作措施之间的合理配置,而且要求全面分析坡面工程、沟道工程、山洪排导工程及小型蓄水用水工程之间的相互联系,工程与生物相结合,实行坡沟兼治,上下游治理相配合的原则。

为了有效地防治山丘区及风沙区的水土流失,保护、改良与合理利用水土资源,在确定水土保持综合治理措施时,要求遵循以下的原则:(1)把防止与调节地表径流放在首位,为此应设法提高土壤透水性以及持水的能力,在斜坡上建造拦蓄径流或安全排导的小地形利用植被调节、吸收或分散径流,减少径流的侵蚀能力。(2)提高土壤的抗蚀能力,应当采用整地、增施有机肥、种植根系固土作用强的植物,施用土壤聚合物。(3)提高植被的防护作用,营造水土保持林,调节径流、防止侵蚀作用。(4)在已遭受侵蚀的土地上防止水土流失,必须注意辅以改良土壤特性、提高土壤肥力的措施、把保持土地与改良土壤结合起来。(5)采用综合治理措施防治水土流失,综合治理措施包括水土保持农业措施、水土保持林草措施和水土保持工程措施。(6)因地制宜。针对不同的水土流失类型区的自然条件制定不同的综合治理措施体系。因地制宜是水土保持措施设计的科学基础。(7)生态经济效益最优的原则。在设计水土保持综合治理措施体系过程中,应当提出多种方案,选用生态经济效益最优的方案。在确定水土保持综合治理方案中,全面估计方案实施后的生态效果,预测水土保持措施对成土作用以及自然环境因素的影响。

(八)人工增雨工程

随着科技进步与发展,我国在寻求节水、合理利用水资源的同时,开始着眼于空中云水资源的开发和利用,科学的规模化人工增雨技术将成为重要的开源措施。所谓人工增雨,是指在适当的云雨条件下,针对不同的云,采用相应的人工催化技术方法,改变云降水物理过程,以达到增加局地降雨的一项科学技术。人工增雨有两个目标,一是从不能降雨的云中得到部分雨水;二是从已能降雨的云中得到更多的雨水。实践证明,通过人工增雨将云水资源转化为可供利用的水资源,不仅可养墒保墒,增加蓄水,还可补充地下水,实现主动抗旱,是缓解水资源供需紧张矛盾的具有长远和实际意义的一种有效途径。

人工增雨是在了解云和自然降水形成的物理过程及其发生、发展规律的基础上,进行人工增雨催化作业,主要冷云催化、暖云催化和动力催化三种。冷云催化原理是,有的冷云(云顶温度低于0℃的云)之所以产生不了降水或者即使有降水雨量也很小,是因为冷云中缺少足够数量的冰晶,当把人工冰晶引进冷云中后,能加速冷云降水过程的形成,达到增加降水的目的。暖云催化原理是,暖云(云顶温度低于0℃的云)雨滴胚胎数量不足时,自然降水效率降低,如能在暖云中补充一定数量半径为40微米以上的大水滴,就能使暖云碰并过程提前加强和使更多的云滴转化为雨滴,实现增加降水的效果。积云动力催化主要是针对积云影响云的动力过程,使云体迅速增长,旺盛发展,延长生命期,产生更多降水。目前,人工增雨催化剂通常分为三类:第一类是可以大量产生凝结核或凝华核的碘化银等成核剂;第二类是可以使云中的水分形成大量冰晶的干冰等制冷剂;第三类是可以吸附云中水分变成较大水滴的盐粒等吸湿剂。碘化银、干冰等是适用于温度低于0℃冷云的催化剂;而盐粒等,是只适用于温度高于0℃暖云的催化剂。后者属于碱性物质,对增雨设备、农作物都有一定的腐蚀作用,所以,目前我国主要是对冷云实施人工增雨。

为了获得较好的人工增雨效果,在实施人工增雨之前,需要提前对增雨作业区域和时段、催化手段和方式以及云的厚度、云顶和云底高度、云的温度、云中过冷水含量和冰晶浓度等作业判据等进行研究确定。

(九)再生水利用工程

再生水利用是指将废水或污水经二级处理和深度处理后回用于生产系统或生活杂用的过程。我国城市污水处理与再生回用研究始于"七五"、"八五"期间,20世纪90年代初在北方缺水的大城市如青岛、大连、太原、北京、西安等相继展开试验。90 年代中期之后,经历了从点源治理到面源控制、从局部回用到整体规划的发展历程,逐渐形成了系统的思路。进入 21 世纪以来,面临水危机日趋严峻的国情,关于水环境恢复理论、污水资源化方向的研究正蓬勃兴起。1990 年,我国第一个污水回用示范工程——大连市春柳河水质净化厂成功运行,再生水用于工厂冷却水、市政绿化、冲厕等,开发了城市第二水源。多年来,北京、天津、太原、青岛、西安等缺水城市已先后建立一系列污水回用工程。

污水回用作为第二水源,可减轻江河、湖泊污染,保护水资源不受破坏,减少用水费及污水净化费用,在旱情紧急时可作为应急水源加以利用,促进经济和环境尽可能地协调发展,对解决水污染和水资源短缺都具有非常重大的意义。目前,我国污水回用主要有以下几个途径:

(1)农业用水。农业是城市污水回用的一个大用户,主要包括农田灌溉、造林育苗、农牧场和水产养殖等方面。污水回用于农田灌溉时,不仅能给农业生产提供稳定的水源,而且污水中的氮、磷、钾等成分也为土壤提供了肥力,既增加了农作物产量,又减少了化肥用量,而且通过土壤的自净能力可使污水得到进一步净化。

(2)工业用水。在我国城市水资源总消耗中,工业用水大约占到 50% ～80%。面对清水日缺、水价上涨的严峻现实,工业企业除了尽力将本厂废水循环利用、循序再用、以提高水的重复利用率外,对城市污水回用于工业也日渐重视。

(3)城市杂用水。虽然世界上有将城市污水经深度处理后直接用作生活饮用水源的先例,但由于生活用水水质要求很高,大多数地区对此仍持保守态度,严格控制生活饮用水源。目前再生水在城市生活中主要应用于以下两个方面:市政用水,即浇洒、绿化、景观、消防、补充河湖等用水;杂用水,即冲洗汽车、建筑施工以及公共建筑和居民住宅的厕所冲洗等用水。

(4)地下水回灌。在许多水资源匮乏的城市,由于过度开采地下水,地下水位大幅下降,形成大面积漏斗区,严重破坏了地面生态系统和地下饮用水层。将城市污水二级处理再经深度处理,达到一定水质标准后回灌于地下,水在流经一定距离后同原水源一起作为新的水源开发。既可以阻止因过量开采地下水而造成的地面沉降;又可保护沿海含水层中的淡水,防止海水入侵;还能利用土壤自净作用和水体的运移提高回水水质,直接向工业和生活杂用水厂广泛供水。

目前,常用的污水回用技术包括传统处理(混凝—沉淀—常规过滤)、生物过滤、活性炭吸附、消毒、生物脱氮除磷、膜分离等,可选用一种或几种组合。

(十)海水淡化工程

海水淡化是指将含盐量为 3500mg/L 的海水淡化至 500mg/L 以下的饮用水。我国研究海水淡化技术始于 1958 年,起步技术为电渗析;1965 年开始研究反渗透技术;1975 年,在天津和大连分别开始研究大中型蒸馏技术。经过几十年的发展,我国已经成为世界上少数几个掌握海水淡化先进技术的国家之一。据不完全统计，截至 2006 年 6 月底，我国已建成投产的海水淡化装置总数为 41 套，合计产水能力 12 万立方米/天。海水淡化工程的不断壮大，将对缓解我国尤其是一些沿海城市的干旱缺水现状发挥重要的作用。2003 年，浙江省舟山市遭遇了 50 年一遇的严重干旱灾害，出现了夏、秋、冬连旱。位于舟山群岛北部沿海的嵊泗列岛，由于陆地面积小，淡水资源贫乏，蓄供水工程少，旱情更为严重。为增加供水水源，确保群众生活用水供给，嵊泗县及时启用已建成的嵊山海水淡化厂和泗礁海水淡化厂，增加应急抗旱供水水源。海水淡化设施的启用，不仅有效减少了因旱从大陆运水的数量，节省了抗旱支出，而且为确保旱期应急供水，维护经济社会稳定发挥了巨大作用。

目前，经海水淡化的水资源主要用于两个方面：一是用于城镇居民和海岛居民的生活用水；二是用于工业企业生产用水，特别是作为锅炉补充水等工业用高纯水。在已建成投产的 41 套海水淡化装置中，25 套用于市政供水，占总装置的 61%，16 套用于企业自备供水。影响海水淡化的主要问题是淡化水的能源消耗大，成本过高，扩大海水利用的关键因素是降低淡化成本，使用户能够承受。

根据海水分离过程，海水淡化的方法主要包括蒸馏法、膜法、冷冻法和溶剂萃取法等。

三、抗旱非工程体系

抗旱非工程措施是指通过政策、法规、行政管理、经济、科技等抗旱工程以外的手段来减少干旱灾害损失,包括抗旱组织机构及抗旱责任制、抗旱法规和制度、抗旱规划、抗旱预案、抗旱信息管理、抗旱经费及物资保障、抗旱服务组织等。

(一)抗旱组织机构及抗旱责任制

1. 抗旱组织机构

国家防汛抗旱总指挥部负责领导、组织全国的防汛抗旱工作,其办事机构国家防汛抗旱总指挥部办公室(以下简称"国家防办")设在水利部,其主要职责是拟定国家防汛抗旱的政策、法规和制度等,组织制定大江大河防御洪水方案和跨省、自治区、直辖市行政区划的调水方案,及时掌握全国汛情、旱情、灾情并组织实施抗洪抢险及抗旱减灾措施,统一调控和调度全国水利、水电设施的水量,做好洪水干旱管理工作,组织灾后处置,并做好有关协调工作。长江、黄河、松花江、淮河等流域设立流域防汛抗旱总指挥部,负责指挥所管辖范围内的防汛抗旱工作,指挥部成员由有关省、自治区、直辖市人民政府和该江河流域管理机构的负责人等组成,其办事机构设在流域管理机构。有防汛抗旱任务的县级以上地方人民政府设立防汛抗旱指挥部,在上级防汛抗旱指挥机构和本级人民政府的领导下,组织和指挥本地区的防汛抗旱工作,指挥部成员由本级政府和有关部门、当地驻军、人民武装部负责人等组成,其办事机构设在同级水行政主管部门。我国防汛抗旱组织机构体系参见图2。

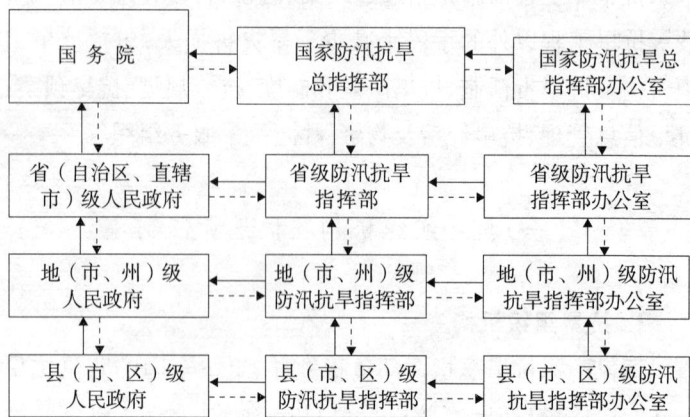

图2　我国防汛抗旱组织机构体系示意图

2. 抗旱责任制

防旱抗旱减灾是一个庞大的社会系统工程,包括旱前预防、旱期抗灾救灾和灾后恢复生产等不同阶段的工作,协调有关部门和组织广大群众积极参与防旱抗旱减灾工作,尽量减少干旱灾害损失,维护社会稳定,任务繁重,而且涉及全社会的各行各业和方方面面,加强统一组织领导与责任落实十分重要。

抗旱工作严格实行行政领导责任制,由各级政府主要领导对本地抗旱工作负总责。根据当地旱情,明确各级领导的具体分工,实行包区域、包村组的抗旱责任制。抗旱责任制主要包括:行政首长抗旱负责制、抗旱指挥部门责任制。

(1)行政首长抗旱负责制。省(自治区、直辖市)、地(市)、县(市、区)、乡(镇)各级政府一般都有一名主要负责人分工抓抗旱工作,以便加强抗旱的工作领导,明确责任和任务,组织协调各部门工作、发动群众投入抗旱,更好地推动抗旱工作的开展。

(2)抗旱指挥部门责任制。各级防汛抗旱指挥部成员单位实行部门分工责任制,有明确的职责和承担的抗旱任务。各级防汛抗旱指挥部门按照业务范围建立健全各种岗位责任制,各级政府部门是抗旱减灾的重要力量。在抗旱工作中,要积极主动、分工负责,全力以赴支持抗旱。各部门抗旱职责参见表3。

表3 防汛抗旱指挥机构及成员单位抗旱职责

部门	主要职责
防汛抗旱指挥机构	贯彻执行国家有关抗旱工作的方针、政策、法规和法令;组织制定并监督实施各种抗旱工作预案;及时掌握雨情、水情、旱情、灾情和气象形势,了解长短期水情和气象分析预报;必要时启动应急防御对策;组织抗旱检查工作;负责抗旱物资的储备、管理和抗旱资金的计划管理;负责统计掌握干旱灾害情况;组织抗旱通信和报警系统的建设管理;开展抗旱宣传教育和组织培训、推广先进的抗旱新技术、新产品等。

续表

部门	主要职责
宣传部门	正确把握抗旱宣传工作导向,及时协调、指导新闻宣传单位做好新闻宣传报道。
发展和改革部门	指导抗旱规划和建设工作;负责抗旱设施、重点工程除险加固建设、计划的协调安排和监督管理。
公安部门	维护社会治安秩序,依法打击造谣惑众和盗窃、哄抢抗旱物资以及破坏抗旱设施的违法犯罪活动;协助有关部门妥善处置因抗旱引发的群体性治安事件;协助组织群众从危险地区安全撤离或转移。
民政部门	组织、协调抗旱救灾工作;组织灾情核查,及时向防汛抗旱指挥部提供灾情信息;负责组织、协调灾区救灾和受灾群众的生活救助;管理、分配救助受灾群众的款物,并监督使用;组织、指导和开展救灾捐赠等工作。
财政部门	组织实施抗旱和救灾经费预算,及时下拨并监督使用。
国土资源部门	组织监测、预防地质灾害。
建设部门	协助做好城市抗旱规划制定工作的指导。
铁道部门	组织运力运送抗旱和防疫的人员、物资及设备。
交通部门	协调地方交通主管部门组织运力,做好抗旱和防疫人员、物资及设备运输工作。
信息产业部门	做好抗旱的通信保障工作,根据需要,协调调度应急通信设施。
水利部门	负责组织、协调、监督、指导抗旱日常工作;归口管理抗旱工程;负责组织、指导抗旱工程的建设与管理;负责组织旱情的监测、管理;负责抗旱工程安全的监督管理。
农业部门	及时收集、整理和反映农业旱情、灾情信息;指导农业抗旱和灾后农业救灾、生产恢复;指导灾区调整农业结构,推广应用旱作农业节水技术和动物疫病防治工作;负责救灾化肥、救灾柴油等专项补贴资金的分配和管理,救灾备荒种子、饲草、动物防疫物资储备、调剂和管理。

部门	主要职责
商务部门	加强对灾区重要商品市场运行和供求形势的监控，负责协调抗旱救灾和灾后恢复重建物资的组织、供应。
卫生部门	负责灾区疾病预防控制和医疗救护工作；灾害发生后，及时向防汛抗旱指挥部提供灾区疫情与防治信息，组织卫生部门和医疗卫生人员赶赴灾区，开展防病治病，预防和控制疫情的发生和流行。
民航部门	负责协调运力，保障抗旱和防疫人员、物资及设备的运输工作，为紧急抢险和危险地区人员救助及时提供所需航空运输保障。
广播电影电视部门	负责组织指导各级电台、电视台开展抗旱宣传工作；及时准确报道经防汛抗旱指挥部办公室审定的旱情、灾情和抗旱动态。
安全生产监督管理部门	负责监督、指导汛期安全生产工作，在汛期特别要加强对水电站、矿山、尾矿坝及其他重要工程设施安全度汛工作的督察检查。
气象部门	负责天气气候监测和预测预报工作；从气象角度对旱情形势作出分析和预测；及时对重要天气形势和灾害性天气作出滚动预报，并向防汛抗旱指挥部及有关成员单位提供气象信息。
部队、武警、人武部门	负责组织部队、武警、人武部门实施抗旱救灾，参加重要工程和重大险情的抢险救灾工作；协助当地公安部门维护抢险救灾秩序和灾区社会治安，协助当地政府转移危险地区的群众。

（二）抗旱法规和制度

1. 国家有关抗旱法规制度

从 20 世纪 90 年代开始，国家防汛抗旱总指挥部办公室先后制定了一系列与抗旱相关的制度和办法,主要包括:旱情统计和报告制度;旱情会商制度,各级抗旱部门会同水文、气象、农业等部门定期分析旱情发展趋势和研究抗旱对策,为领导决策和指导工作提供依据;旱情发布制度,抗旱部门按照规定发布旱情、灾情信息;抗旱经费和抗旱物资使用管理制度;抗旱总结制度,各省(区、市)年终都要认真核实灾情,进行全面总结;灾情核对制度,每年年底,由民政部牵头,组织国家防办、农业部以及其他有关单位共同核定当年旱灾损失情况。

国务院、国家防汛抗旱总指挥部、水利部、财政部、气象局等部门还陆续出台了《特大防汛抗旱补助费使用管理暂行办法》、《抗旱服务组织建设管理暂行办法》、《水旱灾害统计报表制度》、《国家防汛抗旱应急预案》、《抗旱预案编制大纲》、《旱情等级标准》、《气象干旱等级》、《土壤墒情监测规范》等一批法律、规章、制度,国务院还于2009年2月26日正式颁布实施《中华人民共和国抗旱条例》,详见表4。

表4　有关抗旱法律、规章、制度

名称	发布时间及部门	主要内容
《特大防汛抗旱补助费使用管理暂行办法》	1994年12月 财政部、水利部	规定了特大抗旱补助费使用范围、审批申报程序、监督管理办法等。特大抗旱补助费主要用于对遭受特大干旱灾害的乡村为兴建简易抗旱设施需用材料和添置提运水工具的补助。

名称	发布时间及部门	主要内容
《抗旱服务组织建设管理暂行办法》	1996 年 5 月 10 日 财政部、水利部	明确了抗旱服务组织的性质、作用、发展方向、服务方式、自身建设等诸多问题,使抗旱服务组织建设朝着正规化、规范化的方向发展。
《旱灾损失与抗旱效益计算办法(试行)》	1997 年 国家防办	为了尽可能科学、合理计算旱灾损失与抗旱效益,提出以下简单、易行计算方法:(1)旱灾损失 = 前三年平均亩产量×[(受灾面积×0.1)+(成灾面积×0.4)+(绝收面积×0.8)];(2)抗旱效益 =(同等条件下采取了抗旱措施的亩产量−未采取抗旱措施的亩产量)×采取抗旱措施的面积。
《特大防汛抗旱补助费使用管理办法(修订)》	1999 年 1 月 1 日 财政部、水利部	对 1996 年的《特大防汛抗旱补助费使用管理暂行办法》进行了修改,扩大了特大抗旱补助费的使用范围。特大抗旱补助费主要用于对遭受特大干旱灾害的地区为兴建应急抗旱设施、添置提运水设备及运行费用补助。
《水旱灾害统计报表制度》	1999 年 国家防汛抗旱总指挥部、国家统计局	明确了统计报表的目的与任务、统计范围、统计内容、上报期别与时间、组织方式、报表内容等。统计报表包括:农业旱情动态统计表、农业抗旱情况统计表、农业旱灾及抗旱效益统计表。

名称	发布时间及部门	主要内容
《抗旱预案编制导则》	2003 年 国家防办	对抗旱预案编制原则、基础工作、干旱等级划分、区域抗旱水源调配原则、干旱风险图制作、应急响应机制及抗旱措施、预案管理等方面提出了指导意见。
《水旱灾害统计报表制度(修订)》	2004 年 国家防汛抗旱总指挥部、国家统计局	对 1999 年的《水旱灾害统计报表制度》进行了修改,增添了城市旱灾统计的内容。统计报表包括:农业旱情动态统计表、农业抗旱情况统计表、农业旱灾及抗旱效益统计表、城市干旱缺水及水源情况统计表、城市干旱缺水及抗旱情况统计表、干旱缺水城市基本情况及用水情况统计表、干旱缺水城市供水水源基本情况统计表。
《国家防汛抗旱应急预案》	2006 年 1 月 11 日 国务院	明确了防汛抗旱组织体系及职责、预防和预警机制(预防预警信息、预防预警行动、预警支持系统)、应急响应(四级应急响应启动、行动及结束、信息发布等)、应急保障(通信与信息保障、应急支援与装备保障、技术保障等)以及善后工作等。
《抗旱预案编制大纲》	2006 年 2 月 27 日 国家防办	对抗旱预案编制原则、适用范围、预案组织体系、预防预警、应急响应、保障措施、预案的审批修订等方面提出了指导意见。

续表

名称	发布时间及部门	主要内容
《气象干旱等级》	2006年11月1日 中国气象局	提出了降水量距平百分率、相对湿润指数等气象干旱指数的计算方法及等级划分标准,以及干旱过程的确定和评价方法。
《土壤墒情监测规范》	2007年6月1日 水利部	提出了土壤墒情监测要素、墒情监测站网的规划及布设方法、墒情监测站的查勘及建设、土壤含水量监测方法、墒情测报制度及报送方法,以期规范土壤墒情的测报方法。
《旱情等级标准》	2008年12月29日 水利部	制定了农业旱情、牧业旱情、城市旱情的评估指标及等级划分标准;区域农业旱情、区域牧业旱情、区域因旱饮水困难、农牧业综合旱情、区域综合旱情的评估指标及等级划分标准;干旱过程及旱情频率的确定。
《中华人民共和国抗旱条例》	2009年2月26日 国务院	《条例》分为总则、旱灾预防、抗旱减灾、灾后恢复、法律责任和附则,明确了各级人民政府、有关部门和单位的抗旱职责,建立了抗旱规划、抗旱预案、水量调度、物资征用、信息报送以及信息发布等一系列抗旱工作制度,完善了抗旱资金投入机制、物资储备和管理、基础设施建设与管理、信息系统建设以及服务组织建设与管理等抗旱保障机制。

2.《中华人民共和国抗旱条例》要点

2009 年 2 月 26 日,国务院正式颁布实施《中华人民共和国抗旱条例》(以下简称《条例》)。这是我国第一部规范抗旱工作的法规,填补了我国抗旱立法的空白,标志着我国抗旱工作进入有法可依的新阶段。

《条例》内容涵盖了从旱灾预防、抗旱减灾到灾后恢复的全过程,为解决当前抗旱工作中存在的矛盾和问题提供了法律依据,其关键点包括以下几个方面:

(1)明确了各级人民政府、有关部门和单位在抗旱工作中的职责。长期以来,我国抗旱工作在法律层面上对各级政府和有关部门的工作职责没有明确具体的界定,导致抗旱工作的组织开展主要依靠行政手段,没有建立长效机制,短期行为突出,抗旱工作的监督检查等问责制度也很难落到实处。为此,《条例》第 5 条规定,"抗旱工作实行各级人民政府行政首长负责制,统一指挥、部门协作、分级负责。"同时还在相关条款中对各级人民政府、各级防汛抗旱指挥机构及主要成员单位、防汛抗旱指挥机构的办事机构职责进行了具体规定。抗旱工作责任制的明确和落实,对理顺我国抗旱管理体制将起到积极的推动作用,是抗旱工作高效有序运行的重要保障。

(2)建立了一系列重要的抗旱工作制度,涵盖抗旱规划、抗旱预案、水量调度、物资征用、信息报送以及信息发布等六个方面。

①抗旱规划制度。多年来我国很多地区抗旱工作基本处于临时应急状态,缺乏系统性、全局性和长效机制,造成很多

工作重复低效和资源浪费,严重影响抗旱减灾事业的可持续发展。为扭转我国目前抗旱工作的被动应急局面,实现抗旱工作由被动向主动、由单一向全面的转变,《条例》第13、14、15条规定了抗旱规划的编制和审批程序及抗旱规划的基本要求和主要内容,从法律层面上确保抗旱规划编制工作有序开展。

②抗旱预案制度。抗旱预案是在总结本地区干旱灾害发生、发展规律的基础上,按照抗旱减灾目标和原则,分析现有水源和工程设施状况,制定不同干旱等级条件下的抗旱对策和措施。制定并推行抗旱预案制度是变被动抗旱为主动抗旱的有效措施,是推动抗旱工作实现正规化、规范化、制度化的一项重要内容。《条例》第27、28、33、35条对抗旱预案编制和审批程序、主要内容、干旱灾害等级划分以及应急抗旱措施进行了规定。

③抗旱水量统一管理调度制度。对干旱期间的用水管理,《条例》第36条规定:"县级以上地方人民政府按照统一调度、保证重点、兼顾一般的原则对水源进行调配,优先保障城乡居民生活用水,合理安排生产和生态用水";第37条规定:"发生干旱灾害,县级以上人民政府防汛抗旱指挥机构或者流域防汛抗旱指挥机构可以按照批准的抗旱预案,制订应急水量调度实施方案,统一调度辖区内的水库、水电站、闸坝、湖泊等所蓄的水量。有关地方人民政府、单位和个人必须服从统一调度和指挥,严格执行调度指令。"抗旱水量统一管理调度制度的确立,填补了非汛期江河湖泊和水利水电工程枢纽水量调度方面的法律空白,确立了抗旱水量调度的合法性

和权威性,将有效减少或避免干旱期间实施水量调度可能引发的利益矛盾和水事纠纷等问题。

④紧急抗旱期抗旱物资设备征用制度。《条例》第45、46、47条对紧急抗旱期和紧急抗旱措施进行了规定。发生特大干旱,严重危及城乡居民生活、生产用水安全,可能影响社会稳定的,经本级人民政府批准,省级人民政府防汛抗旱指挥机构可以宣布本辖区内的相关行政区域进入紧急抗旱期。在紧急抗旱期,有关地方人民政府防汛抗旱指挥机构应当组织动员本行政区域内各有关单位和个人投入抗旱工作。所有单位和个人必须服从指挥,承担人民政府防汛抗旱指挥机构分配的抗旱工作任务。在紧急抗旱期,有关地方人民政府防汛抗旱指挥机构根据抗旱工作的需要,有权在其管辖范围内征用物资、设备、交通运输工具。同时《条例》第54条还规定,旱情缓解后,应当及时归还紧急抗旱期征用的物资、设备、交通运输工具等,并按照有关法律规定给予补偿。

⑤抗旱信息报送制度。《条例》第48条规定:"县级以上地方人民政府防汛抗旱指挥机构应当组织有关部门,按照干旱灾害统计报表的要求,及时核实和统计所管辖范围内的旱情、干旱灾害和抗旱情况等信息,报上一级人民政府防汛抗旱指挥机构和本级人民政府。"《条例》第22、23、24、25条规定:水利、气象、农业及供水管理等部门应当及时向本级人民政府防汛抗旱指挥机构提供水情、墒情信息,气象干旱信息,农业旱情信息以及供水、用水信息等。抗旱信息报送制度的确立,可以充分发挥各级防汛抗旱指挥机构的组织协调作用和成员单位的职能,充分利用现有资源,避免重复建设和资源浪费,

实现信息共享。

⑥抗旱信息统一发布制度。《条例》第 49 条规定:"国家建立抗旱信息统一发布制度。旱情由县级以上人民政府防汛抗旱指挥机构统一审核、发布;旱灾由县级以上人民政府水行政主管部门会同同级民政部门审核、发布;农业灾情由县级以上人民政府农业主管部门发布;与抗旱有关的气象信息由气象主管机构发布。"该条款明确了防汛抗旱指挥机构、水行政主管部门以及民政、农业、气象等部门在旱情、旱灾、农业灾情以及气象干旱等方面信息发布的分工与合作,避免抗旱信息的多头发布,保障抗旱信息发布的准确性和权威性。

(3)完善了抗旱保障机制,包括抗旱资金投入机制、抗旱物资储备和管理、抗旱基础设施建设与管理、抗旱信息系统建设以及抗旱服务组织建设与管理等六个方面。

①抗旱资金投入机制。目前全国大部分地区缺乏稳定的抗旱专项资金渠道,抗旱投入严重不足。《条例》第 4 条规定:"县级以上人民政府应当将抗旱工作纳入本级国民经济和社会发展规划,所需经费纳入本级财政预算";第 50 条规定:"各级人民政府应当建立和完善与经济社会发展水平以及抗旱减灾要求相适应的资金投入机制,在本级财政预算中安排必要的资金,保障抗旱减灾投入。"

②抗旱物资储备和管理。目前,我国尚未建立抗旱物资储备制度,不能满足抗旱应急需要。《条例》第 19 条规定:"干旱灾害频繁发生地区的县级以上地方人民政府应当根据抗旱工作需要储备必要的抗旱物资,并加强日常管理。"各省(自治区、直辖市)防汛抗旱部门可根据实际需要确定抗旱物

资储备库的规模和物资的种类、数量,并制定抗旱物资储备使用和调拨相关管理办法,加强使用情况的监督检查。

③抗旱基础设施建设与管理。我国抗旱基础设施建设仍然相对滞后。《条例》第 16 条规定:"县级以上人民政府应当加强农田水利基础设施建设和农村饮水工程建设,组织做好抗旱应急工程及其配套设施建设和节水改造,提高抗旱供水能力和水资源利用效率。县级以上人民政府水行政主管部门应当组织做好农田水利基础设施和农村饮水工程的管理和维护,确保其正常运行。干旱缺水地区的地方人民政府及有关集体经济组织应当因地制宜修建中小微型蓄水、引水、提水工程和雨水集蓄利用工程。"

④抗旱信息系统建设。目前,旱情监测站网布设不足,监测信息不够全面,信息采集、传递、分析等手段相对落后,自动化程度较低,难以满足及时、全面、有效地指导和部署抗旱工作的需要。《条例》第 26 条规定:"县级以上人民政府应当组织有关部门,充分利用现有资源,建设完善旱情监测网络,加强对干旱灾害的监测。县级以上人民政府防汛抗旱指挥机构应当组织完善抗旱信息系统,实现成员单位之间的信息共享,为抗旱指挥决策提供依据。"抗旱信息系统建设应尽可能整合气象、水情、墒情、工情、农情等各类信息,建立完善集旱情监测、预警、分析、评估等功能于一体的抗旱指挥决策支持系统。

⑤抗旱服务组织建设与管理。抗旱服务组织具有机动灵活、快速反应的特点,在发生大旱时,能够承担急、难、险、重的任务,是抗旱减灾的有生力量。近年来,由于政策扶持不够、

投入减少等原因,抗旱服务组织发展缓慢,应急抗旱服务能力严重下滑。《条例》第29条规定:"县级人民政府和乡镇人民政府根据抗旱工作的需要,加强抗旱服务组织的建设。县级以上地方各级人民政府应当加强对抗旱服务组织的扶持。国家鼓励社会组织和个人兴办抗旱服务组织。"

⑥抗旱宣传及科学研究。抗旱减灾需要全社会的共同关注和参与,需要先进的科学技术作为支撑。《条例》第10条规定:"各级人民政府、有关部门应当开展抗旱宣传教育活动,增强全社会抗旱减灾意识,鼓励和支持各种抗旱科学技术研究及其成果的推广应用。"

(4)提及了干旱灾害评估。多年来,由于缺少科学的评估方法,对干旱灾害的影响和损失评价定性的结论多,定量的结果少,难以为各级人民政府和防汛抗旱指挥机构决策部署提供科学准确的技术支撑。《条例》第55条规定,县级以上人民政府防汛抗旱指挥机构应当及时组织有关部门对干旱灾害影响、损失情况以及抗旱工作效果进行分析和评估。由于这项工作专业性较强,《条例》第55条还规定,县级以上人民政府防汛抗旱指挥机构也可以委托具有灾害评估专业资质的单位进行分析和评估,为今后各地大力推进这项工作奠定了法制基础。

(5)明确了抗旱法律责任。为了确保抗旱工作的有序开展和法规的严肃性,《条例》第58条至第63条对抗旱工作中的法律责任作出了具体规定。违反《条例》的行为包括:拒不承担抗旱救灾任务的,擅自向社会发布抗旱信息的;虚报、瞒报旱情、灾情的;拒不执行抗旱预案或者旱情紧急情况下的水量调度预案以及应急水量调度实施方案的;旱情解除后,拒不拆除临时取水和截水设施的;滥用职权、徇私舞弊、玩忽职守的;截留、挤占、私分、挪用抗旱经费的;水库、水电站、拦河闸坝等工程的管理单位以及其他经营工程设施的经营者拒不服从统一调度和指挥的;侵占、破坏水源和抗旱设施的;抢水、非法引水、截水或者哄抢抗旱物资的;阻碍、威胁防汛抗旱指挥机构、水行政主管部门或者流域管理机构的工作人员依法执行职务等。对上述行为,《条例》根据不同情况分别做了规定,主要包括三个层次:一是由有关部门责令改正,予以警告;二是构成违反治安管理行为的,依照《中华人民共和国治安管理处罚法》的规定处罚;三是构成犯罪的,依法追究刑事责任。

(三)抗旱规划

党中央、国务院始终高度重视抗旱工作,国务院办公厅于2007年印发了《关于加强抗旱工作的通知》(国办发[2007]68号),明确要求"各地区应结合经济发展和抗旱减灾工作实际,组织编制抗旱规划,并与其他相关规划做好衔接,以优化、整合各类抗旱资源,提升综合抗旱能力,避免重复建设。有关部门要加强对地方抗旱规划编制工作的组织指导"。编制抗旱规划,既是贯彻落实国务院办公厅的通知精神,也是保障城乡供水安全、粮食安全,保护生态与环境,保证经济社会可持续发展的一项重要任务。通过编制和实施抗旱规划,逐步提高我国抗旱减灾能力和管理水平,主动应对日益严重的干旱灾害,最大可能地减轻旱灾损失,为经济社会又好又快发展提供有力支撑。

1. 规划编制基本原则

在编制抗旱规划的过程中,应遵循以下基本原则:(1)以人为本、合理规划。把保障居民生活用水安全放在首位,统筹协调工业、农业及生态用水。(2)以防为主,防抗结合。建立和完善防抗结合的抗旱减灾体系,提升抗旱减灾能力,增强抗旱工作的主动性。(3)因地制宜、突出重点。结合本地区水资源条件、干旱特点和抗旱能力现状,工程措施和非工程措施相结合,合理确定抗旱规划的近远期目标、任务和重点。

2. 规划编制依据

(1)《中华人民共和国水法》、《中华人民共和国水土保持法》、《中华人民共和国环境影响评价法》、《中华人民共和国水污染防治法》以及《国家防汛抗旱应急预案》等国家和行业有关法律、法规。(2)国务院办公厅《关于加强抗旱工作的通知》(国办发[2007]68号)。(3)《水利建设项目经济评价规范》等有关规程规范和技术标准。(4)《国民经济和社会发展第十一个五年规划纲要》,水利发展"十一五"规划,各省(自治区、直辖市)国民经济发展"十一五"规划等。

3. 规划目标和任务

规划是用来指导今后的抗旱减灾工作。通过规划的实施,使我国抗旱减灾能力得到显著提高,基本达到以下目标:

发生特大干旱时,保障城乡居民生活饮用水安全,尽量保证重点部门、单位和企业用水。发生中度干旱时,城乡生活、工业生产用水有保障,农业生产和生态环境不遭受大的影响;发生严重干旱时,城乡生活用水有保障,工农业生产损失降到最低程度;发生特大干旱时,城乡居民生活饮用水有保障,尽量保证重点部门、单位和企业用水。

规划的重点地区是旱灾易发区和抗旱能力较弱的区域。规划的重点内容是旱情监测预警系统建设、抗旱应急水源工程建设、抗旱指挥调度系统和抗旱减灾保障体系建设。

规划任务包括系统调查旱灾历史资料、抗旱工程情况、抗旱减灾管理体系现状等,分析旱灾发生规律和发展趋势,综合评估现状抗旱能力、存在的主要问题及面临的形势,在此基础上,提出到2015年和2020年不同阶段的抗旱工程建设任务和方案,主要包括已建抗旱水源工程配套设施挖潜、改造和新建抗旱应急水源工程等;抗旱非工程措施建设方案,包括政策法规、组织机构、旱情监测预警、抗旱指挥调度、抗旱预案制度、抗旱投入机制、抗旱服务组织、抗旱物资储备、抗旱减灾基础研究和新技术应用、宣传培训等。规划应提出近期的工程和非工程建设具体实施意见,积极促进逐步形成和完善我国抗旱减灾工程与非工程体系的完善,提升我国抗旱能力和水平,为经济社会又好又快发展提供支撑。

4. 规划编制总体要求

抗旱规划编制的总体要求如下:

(1)加强区域、部门之间的协调。发挥气象、农业、供水、水资源等部门的信息优势,做好抗旱信息共享,充分利用各部门现有资料,协调好与各部门之间的相互关系,突出重点,优化整合各类抗旱资源。(2)做好基础资料调研和核查工作。对所采用的基础性数据要进行认真的复核和分析,保证基础资料的真实性与可靠性,确保抗旱规划编制质量。(3)处理好与其他规划的关系。目前,我国制定了许多水利专业规划,如水资源综合规划、灌区节水改造规划、城市饮用水水源地安全保障规划和农村饮水安全工程规划等,这些规划的实施,对我国的抗旱减灾均起到了重要作用。抗旱规划主要是针对当前抗旱工作的迫切需要,结合防汛抗旱指挥部门抗旱减灾职能,着重就旱情监测预警系统、抗旱应急水源工程、抗旱指挥调度系统、抗旱减灾保障体系等方面内容进行规划。做好与其他规划的衔接,避免重复规划。

(四)抗旱预案

抗旱预案旨在明确一个地区出现潜在的及历史的干旱灾害时,政府部门和公众在资源配置和减轻灾害不利后果方面应采取的行动。这种对干旱灾害预先进行的"风险管理"和提前准备的有针对性的应急计划,与干旱灾害发生时的"危机管理"和临时反应相比,是一项更周密有效的防旱减灾措施。制定并推行抗旱预案制度是有效组织抗旱工作、创新抗旱工作方式、推进"由单一抗旱向全面抗旱转变"的重要手段,也是推动抗旱工作实现正规化、规范化、制度化的一项重要内容。有了抗旱预案,就能对干旱进行提前预警,大旱来临之前有充足的准备,使有限的抗旱水源达到合理、优化、高效配置,发挥最大的抗旱效益。

1. 预案分类及适用范围

　　由于各地抗旱任务、目标和抗旱措施不相同,抗旱预案需分类、分层次编制。抗旱预案分为地方总体抗旱预案、城市(城区)专项抗旱预案和流域专项抗旱预案三类。

　　地方总体抗旱预案主要用于指导所辖行政区域的城乡全面抗旱工作,分省级、地级、县级三个层次编制。地方总体抗旱预案为面上的抗旱工作预案,涵盖全部抗旱工作内容,其所辖区域范围内的城市(城区)专项抗旱预案应当服从地方总体抗旱预案。

　　城市(城区)专项抗旱预案主要用于指导城市城区范围内的抗旱工作。

　　流域专项抗旱预案主要用于指导流域内跨行政区域的抗旱水量调度工作。涉及跨省(区、市)、跨流域水量调度内容的地方总体抗旱预案,应当服从所属流域的流域专项抗旱预案。

2. 预案编制原则

　　抗旱预案的编制原则,应符合中央水利工作方针和新时期治水新思路。要体现以人为本,抗旱行政首长负责制,统一指挥、统一调度,以防为主、防抗结合,因地制宜、城乡统筹,突出重点、兼顾一般等。抗旱预案编制要突出科学性、实用性和可操作性,要遵循因地制宜、分类指导、科学合理、便于操作的原则,强化保障措施,确保抗旱预案的质量。

3. 预案编制内容

抗旱预案应当包括预案的执行机构及相关部门的职责、干旱等级划分、预防及预警、应急响应启动和结束程序、不同干旱等级条件下的应急抗旱对策、抗旱保障措施等内容。具体应包括以下内容：

（1）基本情况。在编制抗旱预案时，应尽量收集、分析及整理与本地区旱灾及抗旱工作相关的基本情况；主要包括自然地理情况、经济社会发展情况、水资源开发利用概况、旱灾概况、抗旱能力等。

（2）指挥体系及职责。在抗旱预案中，应明确抗旱指挥机构的组成及办事机构设置，明确抗旱指挥机构、各成员单位以及抗旱指挥机构的办事机构在抗旱工作中的职责。

（3）预防及预警。明确旱情信息监测内容、监测单位及报告制度。流域抗旱预案要明确跨行政区域的水量、水质监测控制断面和监测单位。明确旱情发生前的防范措施，如抗旱设施的检查维修、抗旱水源调度方案、节水限水方案的制定等相关措施。明确各类抗旱预案的预警等级标准，还要明确干旱预警信息的发布单位、内容、程序、方式和范围等。

（4）应急响应。明确应急响应等级及行动。各级应急响应行动中，应明确抗旱工作会商的主持人、参加人、会商方式和会商内容，明确抗旱工作开展程序，明确抗旱信息统计报送制度，明确各部门、各单位的具体任务和要求，明确抗旱水量调度方案、节水限水方案以及各种抗旱设施启动的条件和任务等。由于各类抗旱预案涉及的范围不同、层次不同，应急响应措施的侧重点也不相同,措施要具体、实用,具有可操作性。省级抗旱预案应强化组织、协调和指导等方面内容;地级抗旱预案突出上下级沟通、协调、组织和指导等方面内容;县级抗旱预案重点是明确抗旱水量调度、抗旱设施运行、应急开源、节约用水和抗旱队伍组织等具体措施。城市(城区)专项抗旱预案仅涉及城市的城区部分,用于解决干旱缺水时期城市供水问题,重点是解决城市发生干旱或突发水源事件时的供水保障措施。流域专项抗旱预案重点是针对流域发生的不同程度旱情,制定相应的水量调度以及应急调水方案。

(5)后期处置。在抗旱预案中,应明确对旱灾损失及影响进行评估的单位和工作要求。明确旱灾救助的程序、方案和要求,明确应急响应结束后对抗旱预案实施效果进行评估、修订和完善的办法。

(6)保障措施。在抗旱预案中,应明确抗旱资金的筹措渠道,提出抗旱资金的使用管理办法,制定抗旱物资的筹集、调拨、储备和使用方案,建立应急供水保障机制,落实应急送水和抗旱救灾队伍,明确旱情监测、评估和抗旱技术的支撑单位及实施方式等。

(7)编制、审查与审批。在抗旱预案中,需要对各类抗旱预案的组织编制机构、审查和审批机构进行明确规定。

(五)抗旱信息管理

1. 抗旱信息分类

根据抗旱信息性质和信息来源情况,抗旱信息可以分为三类:旱情监测信息、抗旱基础信息、抗旱统计信息。

（1）旱情监测信息。旱情监测信息是由气象、水文、墒情等监测站点定期监测的信息,包括气象信息、地表水和地下水信息、土壤墒情信息、水质信息、遥感信息、农情信息等,具体如下:①气象信息,包括降雨、蒸发、历史雨量和气温、气温特征数据及气象预报等数据。其中,气温、气温特征数据和气象预报数据由气象部门提供,降雨、蒸发、历史雨量等信息主要由水文部门提供,气象部门现有相关监测信息补充。②地表水和地下水监测信息(农业灌溉水源地、城市水源地、重点生态干旱脆弱区、抗旱水量调度),包括重要水库湖泊水源地水位、蓄水量、入库(湖)流量和下泄流量,重要河流取水口水位、流量,地下水位、可利用水量,重要水量调度控制性工程和控制断面实时流量数据。该监测信息主要由水文部门提供,其他部门补充。③土壤墒情信息,即农业区耕地不同深度的墒情数据及相关信息。该部分信息由水文部门提供,气象、农业部门现有相关监测信息补充。④遥感信息,卫星遥感图像与地面监测站点结合,可提供大范围的土壤墒情、地表蒸散、降雨量、地表温度、植被生长状况以及水质等信息。该部分信息由水利部遥感中心提供。⑤水质信息,主要包括江河、湖泊、水库、地下水、重要水量调度控制站相应水质信息。该部分信息由水文部门提供。⑥农情信息,包括农作物生育状况、病虫害等信息。该部分信息主要由农业部门提供,其中与土壤墒情信息配套的实时农作物生育状况由水文部门补充。

（2）抗旱基础信息。抗旱基础信息包括与抗旱有关的基础地理信息、社会经济信息、农业基本信息、灌溉面积基本信

息、农村人口和大牲畜基本信息、水利工程基本信息、抗旱服
务组织基本信息、干旱缺水城市基本情况及供用水情况、重
点生态干旱脆弱区基本信息、水量调度方案、抗旱组织机构
信息、抗旱法规、抗旱预案、历史旱灾信息、历史遥感数据
等。

（3）抗旱统计信息。抗旱统计信息是由抗旱工作人员层
层统计汇总的信息，包括旱情动态统计信息、农业抗旱情况统
计信息、旱灾及抗旱效益统计信息、其他行业因旱受灾情况信
息、城市干旱缺水及水源情况统计信息、城市抗旱情况统计信
息、生态抗旱统计信息、抗旱日常管理信息等，参见表5。

表5　抗旱统计信息

统计表名称	上报时间	统计指标
《农业旱情动态统计表》（旬报）	每月1、11、21日	作物受旱面积（轻旱、重旱、干枯）、缺水缺墒面积、牧区受旱面积、因旱人畜饮水困难、水利工程蓄水情况、水库干涸、机电井出水不足。
《农业抗旱情况统计表》（旬报兼年报）	旬报：每月1、11、21日；年报：每年12月底以前	投入抗旱人数、设施（机电井、泵站、机动设备、装机容量、机动运水车辆）、资金（中央、省级、地县级、群众自筹）、抗旱用电、抗旱用油、抗旱浇灌面积、临时解决人畜饮水困难。
《农业旱灾及抗旱效益统计表》（年报）	每年12月底以前	主要受旱时段、因旱少种面积、作物受旱面积（受灾、成灾、绝收）、因旱粮食及经济作物损失、抗旱挽回粮食损失及经济作物损失等。

统计表名称	上报时间	统计指标
《城市干旱缺水及水源情况统计表》(月报)	每月1日	正常日用水量、当前日供水量(水库、江河湖泊取水、地下水等)、日缺水量、影响人口及工业产值等。
《城市干旱缺水及抗旱情况统计表》(年报)	每年12月底以前	年实际供水量、年缺水量、主要缺水时段、影响人口及工业产值、年节约水量、应急水源建设(投入资金、新增供水能力)、减少影响人口及工业产值等。
《干旱缺水城市基本情况及用水情况统计表》(年报)	根据情况,每年更新一次	缺水城市人口、GDP、年工业总产值、万元GDP用水量、万元工业产值用水量、正常年用水量(生活、工业、生态等)、人均生活用水。
《干旱缺水城市供水水源基本情况统计表》(年报)	根据情况,每年更新一次	正常年供水总量、地表水(供水水库、江河湖泊取水工程)、地下水、其他水源(中水回用、海水淡化)等。

2. 抗旱管理系统建设

抗旱管理系统是国家防汛指挥系统中的重要内容。抗旱管理系统主要由以下三个系统组成,旱情数据库及旱情信息查询服务系统、旱情分析系统和分省旱情信息采集系统。其中,国家防总、省(直辖市)和地(市)三级抗旱管理部门的旱情数据库及旱情信息查询服务系统、中央节点的旱情分析系统组成抗旱管理应用系统,旱情信息采集(试点)系统中的旱情信息是抗旱管理应用系统的数据支撑。

　　抗旱管理应用系统作为国家防总、省（直辖市）和地（市）三级抗旱管理部门的业务应用系统，将规范旱情信息的收集、管理、分析和报送等工作程序，实现抗旱管理工作的现代化和信息化。

　　（1）建设目标

　　旱情数据库的建设目标是建立起国家防总、省（直辖市）和地（市）抗旱管理部门的三级旱情数据库系统，实现旱情数据的逐级上报功能，同时在已有旱情数据的基础上，实现旱情信息的查询分析功能。

　　中央节点旱情分析系统的建设目标是利用遥感、水文、气象、农业等信息，采用多种方法，进行合理选择，通过综合判断，估算各类干旱指数及其综合指数，形成标准化的全国旱情监测预测业务流程，建成一个可监视全国的人机交互旱情实时监视预测业务系统，并实现常年连续运转，以图表和统计数据的形式按日、旬、月、季等不同时段输出全国旱情监测和分析产品，反映全国的旱情实况和未来短期旱情发展变化的信息，进行全国及地方的旱情监测预测，为指导抗旱、水利建设、水资源调配、农业生产等提供科学依据和决策支持。

　　旱情信息采集（试点）系统的建设目标是在各省建立从"土壤墒情采集点——县（市）防办——地（市）防办（原旱情分中心）——省（市）防办——国家防办"的旱情信息传输网络，由省级防办根据所接收旱情信息汇总确认上传国家防办，并提供全面的信息查询服务。

　　（2）建设任务

　　①旱情数据库。旱情数据库的建设主要包括三部分内

容:旱情数据库的结构设计和开发;旱情数据库管理上报软件设计和开发应用;旱情信息查询服务软件设计和开发应用。旱情数据库建设统一的数据库结构,分为国家防总、省(直辖市)和地(市)抗旱管理部门三级旱情数据库系统,以国家防总数据库为主。数据库数据一般不直接互相调用,下级数据库的实时旱情信息数据按照规约通过 NFCne 吨计算机网络传送至上级数据库。

②旱情分析系统。旱情分析系统的建设主要为三部分内容:旱情监测基本数据处理和专用数据库管理功能开发;气象、水文、农业干旱监测预测模型的建模与开发;业务系统集成平台开发建设,包括业务管理的各项功能、数据处理、数据管理和维护体系集成、各干旱指数计算模型的集成和综合干旱指数的计算、旱情统计分析、灾情评估以及人机交互应用界面,实现信息流程的系统化,保证系统的安全可靠运行和对外信息服务。

③旱情信息采集系统。旱情信息采集(试点)建设的任务主要包括:墒情信息采集点建设、旱情信息站建设、旱情试验站(分中心)建设等三大部分。具体内容如下:第一,墒情信息采集点建设主要包括采集点选址、墒情自动采集设备配置、通信设备配置等内容;第二,旱情信息站建设主要包括墒情接收设备配置、通信设备配置和其他旱情信息采集等内容;第三,旱情试验站(分中心)建设主要包括服务器、网络设备、微机等硬件配置,烘干法测量墒情设备配置和其他旱情信息采集等内容。

(3)建设范围

旱情数据库建设采用统一的数据库结构,分为国家防总,省（直辖市）和相应地（市）抗旱管理部门三级，以国家防总数据库为主。数据一般不直接互相调用，下级数据库的实时数据按照规约通过计算机网络传送至上级数据库。

在中央节点建设旱情分析系统，与旱情数据库和旱情信息查询服务系统组成抗旱管理应用系统。

旱情信息采集（试点）的建设范围为吉林、河北、安徽、重庆和黑龙江五省（直辖市）重点旱区。具体范围为 28 个旱情试验站（分中心），203 个旱情信息站和 480 个墒情采集点（其中固定墒情采集点 361 个，移动墒情采集点 119 个）。在建设中，根据实际需要可适当调整墒情采集点位置。

（4）建设开发策略及应用布置

抗旱管理应用系统中的旱情数据库和旱情信息查询服务系统作为各级防汛抗旱管理部门的业务应用系统，有快速、方便的旱情信息查询，灵活、直观的用户应用界面，稳定可靠的数据库、数据处理和旱情信息上报，规范的旱情信息管理、统计功能。系统的建设要充分考虑现有防汛抗旱部门的抗旱应用系统和旱情信息数据，按国家防汛抗旱指挥系统一期工程建设的要求，增加、统一旱情信息数据标准和数据上报时段，整合现有的资源，增强和完善旱情管理应用系统的功能。

旱情分析系统的开发以国家防办对全国大范围旱情监测预测和分析统计需求为目标，以省、地作为监测统计单元，以国家防汛抗旱指挥系统的旱情数据库、水雨情数据库、防洪数据库、气象产品应用系统等作为已存在的数据和环境支持。旱情分析系统中的各类干旱指标计算要求物理意义和指数含义明确并经过国内外实际应用或检验。

抗旱管理应用系统中的旱情数据库和旱情信息查询服务系统采用中央统一开发,推广到省(直辖市)和地(市)抗旱管理部门应用的开发策略。中央应用系统在统一的软硬件应用平台上完成旱情管理应用系统的开发和业务运行。

旱情信息采集(试点)建设采用统一规划、统一标准、经济实用、先进可靠、投资保护和注重实施的建设原则。在建设中,根据实际需要可适当调整墒情采集点位置。

(六)抗旱经费及物资管理

1. 抗旱经费管理

各省(含自治区、直辖市、计划单列市)、新疆生产建设兵团在遭受特大干旱灾害时,要实行多渠道、多层次、多形式的办法筹集资金。要坚持"地方自力更生为主,国家支持为辅"的原则,首先从地方财力中安排抗旱资金,地方财力确有困难的,可向中央申请特大抗旱补助费,按照《特大防汛抗旱补助费使用管理办法》(财农字〔1999〕238号)执行。

(1)特大抗旱补助费

特大抗旱补助费是中央财政预算安排的,用于补助遭受特大干旱灾害的省(含自治区、直辖市、计划单列市)、新疆生产建设兵团进行抗旱减灾的专项资金。在使用特大抗旱补助费时,注意以下几个方面:

①使用原则。特大抗旱补助费必须专款专用,任何部门和单位不得以任何理由挤占挪用。各级财政、水利部门要加强对此项资金的监督和管理,确保资金安全有效运行。

②使用范围。特大抗旱补助费主要用于对遭受特大干旱灾害的地区为兴建应急抗旱设施、添置提运水设备及运行费用的补助。特大抗旱补助费的开支范围具体包括：第一，县及县以下抗旱服务组织添置抗旱设备、简易运输工具等所发生的费用补助；第二，在特大干旱期间，为抗旱应急修建水源设施和提运水所发生的费用补助；第三，为解决特大干旱期间临时发生的农村人畜饮水困难而运送水所发生的费用补助；第四，抗旱中油、电费支出超过正常支出部分的费用补助；第五，为抗旱进行大面积人工增雨所发生的飞行费、材料费及抗旱节水、集雨等抗旱新技术、新措施的示范、推广和应用所发生的费用补助。此外，国家鼓励社会各方面力量兴办抗旱服务组织，并遵循谁投资、谁受益，产权归谁所有的原则。对农村集体、农民兴办的抗旱服务组织和抗旱股份合作制小型水利设施，特大抗旱补助费可酌情给予补助。

③申报和审批。遭受特大干旱灾害的省要求中央财政给予特大抗旱补助费的，可由省财政、水利厅（局）向财政部、水利部申报。新疆生产建设兵团可直接向财政部、水利部申报。水利部直属事业单位所需的特大抗旱补助费由相应的主管委（局）直接向水利部申报，由水利部汇总后向财政部申报。报告的主要内容包括：干旱灾情、抗灾措施、地方自筹抗旱资金落实情况及申请补助的金额等。凡属下列情况之一的，中央财政不予批准下拨特大防汛抗旱补助费：第一，局部受灾，灾情不重的；第二，自行削减水利投资，导致抗灾能力下降，灾情扩大的；第三，越级申报的。特大抗旱补助费的分配方案，由财政部商水利部根据受灾省灾情大小和自筹资金落实情况确

定,并由财政部下拨给省财政厅(局);分配给水利部各直属事业单位的特大防汛补助费由财政部拨给水利部;分配给新疆生产建设兵团的特大防汛补助费由财政部拨给新疆生产建设兵团。

④监督管理。为了加强财政资金的预算监督管理,中央财政下拨给各省的特大抗旱补助费由各省财政部门商水利部门确定资金分配方案后,财政部门发文下拨。特大抗旱补助费要建立严格的预决算管理制度。各级财政、水利部门要及时对特大抗旱补助费的使用进行检查和监督。对挤占挪用特大抗旱补助费的单位,除追回挤占挪用资金外,并建议有关部门对负有直接责任的主管人员和其他直接责任人员给予行政处分,构成犯罪的,移送司法机关依法追究刑事责任。各级财政、水利部门对特大抗旱补助费的使用管理要及时进行总结。各省、新疆生产建设兵团、水利部直属事业单位要将特大抗旱补助费使用管理情况总结和防汛抗旱工作总结及时报送财政部、水利部。

(2)地方财政补助

地方财政安排的抗旱资金,由各省财政、水利厅(局)根据本地实际情况,参照财政部、水利部颁发的《特大防汛抗旱补助费使用管理办法》,制定使用管理办法,报财政部、水利部备案。各级人民政府应当在财政预算中设立抗旱专项经费,并逐步加大抗旱资金投入的力度,防御并减轻特大干旱灾害。

2. 抗旱物资管理

目前,我国主要的抗旱物资有抗旱用油、抗旱用电以及其他物资设备,在抗旱救灾中发挥了重要的作用:(1)抗旱用油。农业部门每年预留30万吨左右救灾柴油作为抗灾、救灾的应急需要,其中约有2/3用于抗旱。石化部门每年为抗旱安排部分汽油。商业部门也积极组织调剂和调运。抗旱紧张时,地方政府采取强制手段,停运部分车辆为排灌机械让油。据统计,2000～2007年,平均每年抗旱用油接近60万吨。(2)抗旱用电。在电力紧张时期,为了不误农时,旱区电力部门积极组织负荷和电量的调剂,经常采取压缩工业用电,为农业让电,有条件的地方通过安排多发电和调剂好峰谷用电等办法,解决抗旱用电。据统计,2000～2007年,平均每年抗旱用电超过60亿千瓦时。(3)其他物资设备。对抗旱所需的其他物资和设备,中央有关部委和地方有关部门也及时安排生产和调拨。

在易旱地区,县级以上地方人民政府防汛抗旱指挥机构应当根据需要储备必要的抗旱物资,并安排一定的储备管理费用。委托商业、供销、物资等部门代储的,应当按照有关规定支付保管费。抗旱物资由同级人民政府防汛抗旱指挥机构负责调用。

用特大抗旱补助费购置的抗旱设备、设施,属国有资产,应登记造册,加强管理,在抗旱后要及时清点入库。各地对用中央抗旱资金安排购置的抗旱设备、设施,要制定严格的管理使用办法,采取政府集中采购或由省级抗旱服务总站统一采购,对配置给基层的抗旱设备要加强检查管理,确保国有资产保值增值。

地方财政安排抗旱资金用于购置的抗旱设备、设施,同样属于国有资产,应登记造册,加强使用管理,并足额提取折旧费,在抗旱后及时清点入库。各级要爱惜珍惜抗旱设备设施,勤于保养维修,保持抗旱设备设施的良好。在遭受特大干旱灾害时,地方财政应本着自力更生的原则,及时筹措资金购置抗旱物资,下发到干旱地方,开展抗旱工作。

(七)抗旱服务组织

抗旱服务组织是水利服务体系的一个组成部分,也是农业社会化服务体系的一个组成部分。抗旱服务组织以抗旱服务为中心,以公益性服务和经营性服务相结合为宗旨,以机动、灵活、方便、快捷的服务形式搞好抗旱和实现稳产增产为目标。抗旱服务组织的建立,促进了抗旱资金使用和管理的改革,使抗旱补助资金从分散投放变为对抗旱服务组织固定资产的集中投入,形成长期的抗旱能力,发挥长期的抗旱效益。在抗旱减灾中,抗旱服务组织发挥了重要作用。

自1996年颁发《抗旱服务组织建设管理暂行办法》(以下简称《暂行办法》)以来,各地按照《暂行办法》的要求,加强抗旱服务组织的建设和管理,有力地推动了抗旱服务组织的健康发展和规范化建设。为继续加强抗旱服务组织的正规化、规范化建设和管理,确保抗旱服务组织健康发展,更好地做好抗旱减灾工作,服务于我国农业战略性调整和农民增收的大局,有关部门对《暂行办法》进行了修改、补充,正式颁发《抗旱服务组织建设管理办法》。

1. 定位

抗旱服务组织是农业社会化服务体系的重要组成部分，是在坚持家庭承包经营基础上推进我国农业现代化的重要内容和途径，其服务宗旨是抗旱减灾，为农牧民提供有偿、优质的抗旱服务。抗旱服务组织是改革特大抗旱补助费的使用方式、提高资金使用效益而由水利部门组建的事业性服务实体。

2. 组织建设

抗旱服务组织建设要坚持因地制宜、分类指导、统筹规划、布局合理、讲求实效、量力发展的原则，优先发展广大易旱地区的抗旱服务组织。

抗旱服务组织包括省、市、县、乡四级，分别为省抗旱服务总站、市抗旱服务中心站、县抗旱服务站（队）及其乡镇分站（队），其业务工作受同级水行政主管部门领导和上一级抗旱服务组织的指导。同时，还鼓励、提倡农民自愿建立抗旱协会、合作社等合作性组织，鼓励和提倡农民、企业等社会力量以设备、资金、技术和土地使用权等要素入股，采取股份制、股份合作制、合作制与抗旱服务组织建立民主管理的组织形式，利益共享、风险共担的经营机制和完善的抗旱服务网络。

县级抗旱服务站（队）是抗旱服务组织的基础和骨干，要优先发展、不断壮大。在此基础上，根据本地实际情况和抗旱工作需要，逐步发展省、（市）和乡镇抗旱服务组织，乡（镇）抗旱服务分站作为县抗旱服务站（队）的分支机构。

各级抗旱服务组织由同级人民政府或其授权部门审批；

乡镇抗旱服务分站由县抗旱服务站(队)组建,报县水行政主
管部门备案。

抗旱服务组织需有独立的办公场所及相应的抗旱物资、
设备的仓储、销售、维修的场所,具备必要的抗旱设备、物资和
抗旱能力等服务手段。

3. 服务内容

抗旱减灾是建立抗旱服务组织的宗旨,为农牧民提供抗
旱服务是抗旱服务组织的主要工作任务。抗旱服务组织要根
据旱情及当地实际情况,积极主动开展各项抗旱服务。抗旱
服务的主要内容包括:抗旱应急工程的设计、施工、管理;抗旱
设备、物资、机具的供应、租赁、维修;抗旱浇地和拉水、运水等
解决临时人畜饮水困难;组织协调群众用水秩序等。要充分
发挥农民抗旱协会、合作社等网络抗旱作用。抗旱服务组织
要大力推广普及现代抗旱节水等新技术、新产品、新材料和各
种旱作农业抗旱措施,提高抗旱科技含量。积极开展抗旱技
术培训工作,为农民提供抗旱信息、市场信息。抗旱服务组织
提供有偿抗旱服务,要按照成本收费。在抗旱的关键时期,各
级抗旱服务组织按照政府的指令开展的无偿抗旱服务,事后
安排资金时要给予相应的补偿。抗旱服务收费主要用于抗旱
服务发生的费用、抗旱设备的维修更新等方面的支出。抗旱
服务组织要以农民自愿为前提,采取快捷、方便的措施,为农
民提供优质抗旱服务。

不过,由于抗旱服务组织是自收自支的事业性服务实体,
抗旱服务组织要立足于抗旱服务,充分利用水土资源、抗旱设

备和技术等优势,开展综合经营,壮大抗旱服务组织经济实力,实现抗旱服务组织良性发展。

4. 监督管理

抗旱服务组织要加强管理,要建立健全各项管理规章制度,包括岗位责任制、财务管理制度、设备管理制度、服务收费制度、分配和积累制度和人员培训制度等,推动抗旱服务组织的正规化、规范化建设,不断提高抗旱服务质量和经营管理水平。

抗旱服务组织要加强资金管理,对各级财政部门从特大抗旱补助费等资金渠道安排用于武装抗旱服务组织的资金,只能以提高抗旱能力和增强抗旱手段为目的,可用于添置抗旱设备、简易运输工具和补助抗旱费用,也可用资金、设备等入股,以合作制、股份合作制方式兴建应急抗旱水源设施和综合抗旱示范区,滚动使用抗旱资金,提高资金使用效率。各级财政、水利部门要积极扶持抗旱服务组织发展,在资金上给予重点倾斜。

抗旱服务组织要加强抗旱设备的管理,建立使用、管理、维修、保养等制度,要建档造册,保证设备完好率,提高设备使用率。国家投资购置的抗旱设备属国有资产,由抗旱服务组织统一管理、使用。抗旱关键时期,上一级主管部门可组织地区之间的抗旱设备调动,但事后必须如数归还或理清账目。其他任何单位和个人不得平调或私自变卖抗旱设备。

抗旱服务组织要加强财务管理,严格执行国家有关财会制度,做到账目齐全、清晰。要加强固定资产的管理,保证固定资产的保值增值。

四、旱情评估

（一）农业旱情评估

农业旱情是指作物受旱情况,即土壤水分供给不能满足作物发芽或正常生长要求,导致作物生长受到抑制甚至干枯的现象。农业旱情评估包括农业作物旱情评估和区域农业旱情评估,相应的评估指标是农业旱情指标和区域农业旱情指标。

1. 农业作物旱情评估

我国的农业类型包括雨养农业区和灌溉农业区,灌溉农业区又分为水浇地和水田。由于各地气象、水文、农业类型、社会经济条件等存在一定差异,各地在进行农业作物旱情评估时,可根据情况选用土壤相对湿度、降水量距平百分率、连续无雨日数、作物缺水率和水田断水天数等方法。各种指标适用范围见表6。

表6　农业旱情指标适用表

农业类别	雨养农业区	灌溉农业区	
		水浇地	水田
适用指标	土壤相对湿度 降水量距平百分率 连续无雨日数	土壤相对湿度 作物缺水率	作物缺水率 断水天数

（1）土壤相对湿度

土壤墒情是判定点上农业旱情的主要指标之一,对于已建立土壤墒情监测站点的地区,应优先采用土壤相对湿度评估农业旱情。由于不同质地的土壤保墒性能不同,为使评价指标具有通用性和可比性,可采用土壤相对湿度作为评估指标。土壤相对湿度是指土壤含水量占田间持水量的比值。采用土壤相对湿度评估农业旱情时,宜采用0～40厘米深度的土壤相对湿度作为旱情评估指标。土壤相对湿度按下式计算。旱情等级划分见表7。

$$W = \frac{\theta}{F_c} \times 100\% \tag{1}$$

式中：W—土壤相对湿度〔%〕；θ—土壤平均重量含水量〔%〕；F_c—土壤田间持水量〔%〕。

表7　土壤相对湿度旱情等级划分表　　单位:%

旱情等级	轻度干旱	中度干旱	严重干旱	特大干旱
土壤相对湿度 W	$50<W\leq60$	$40<W\leq50$	$30<W\leq40$	$W\leq30$

（2）降水量距平百分率

降水量是评价农业受旱程度的基本指标之一，对于尚未建立墒情监测站点但已建立雨量监测站点的雨养农业区，可采用降水量距平百分率评估农业旱情。降水量距平百分率是指某一时段内降水量与多年同期平均降水量之差占多年同期平均降水量的比值。考虑到降雨对农业旱情的影响有持续性，旱情严重程度与前期雨量大小和分布有关，用降水量距平百分率评价农业旱情时，可根据情况选用月尺度、季尺度和年尺度。降水量距平百分率按下式计算。旱情等级划分见表8。

$$D_p = \frac{P - \bar{P}}{\bar{P}} \times 100\% \tag{2}$$

式中：D_p—降水量距平百分率〔%〕；P—计算时段内降水量（mm）；$\bar{P}$—多年同期平均降水量（mm），宜采用近30年的平均值。

表8　降水量距平百分率旱情等级划分表　单位:%

旱情等级	降水量距平百分率 D_p		
	月尺度	季尺度	年尺度
轻度干旱	$-60 < D_p \le -40$	$-50 < D_p \le -25$	$-30 < D_p \le -15$
中度干旱	$-80 < D_p \le -60$	$-70 < D_p \le -50$	$-40 < D_p \le -30$
严重干旱	$-95 < D_p \le -80$	$-80 < D_p \le -70$	$-45 < D_p \le -40$
特大干旱	$D_p \le -95$	$D_p \le -80$	$D_p \le -45$

（3）连续无雨日数

连续无雨日数是指在作物生长期内连续无有效降雨的天数。采用此方法评估农业旱情时,旱情等级划分参见表9。

表9　连续无雨日数旱情等级划分表　　　　单位:天

季节	地域	不同旱情等级的无有效降水天数			
		轻度干旱	中度干旱	严重干旱	特大干旱
春季(3～5月) 秋季(9～11月)	北方	15～30	31～50	51～75	>75
	南方	10～20	21～45	46～60	>60
夏季(6～8月)	北方	10～20	21～30	31～50	>50
	南方	5～10	11～15	16～30	>30
冬季(12～2月)	北方	20～30	31～60	61～80	>80
	南方	15～25	26～45	46～70	>70

（4）作物缺水率

作物缺水率是指某一时段内作物实际需水量与可用或实际提供的灌溉水量之差占同期作物实际需水量的比值。在用作物缺水率评估农业旱情时,可用或实际提供的灌溉水量,可以是河道、蓄水工程、地下水等能供给的水量之和,也可以是单一形式的供水量,不同作物实际需水量可采用作物系数法和彭曼公式计算,也可查阅《中国主要农作物需水量等值线图》确定。作物缺水率按下式计算。旱情等级划分见表10。

$$D_w = \frac{W_r - W}{W_r} \times 100\% \tag{3}$$

式中:D_w——作物缺水率(%);W_r——计算期内作物

实际需水量(立方米);W——同期可用或实际提供的灌溉水量(立方米)。

表 10　作物缺水率旱情等级划分表　　单位:%

旱情等级	轻度干旱	中度干旱	严重干旱	特大干旱
作物缺水率 D_w	$5<D_w\leq20$	$20<D_w\leq35$	$35<D_w\leq50$	$50\leq D_w$

(5)断水天数

断水天数是指水稻生长期,水田无可见水面持续的天数。旱情等级划分见表 11。

表 11　断水天数旱情等级划分表　　单位:天

旱情等级		轻度干旱	中度干旱	严重干旱	特大干旱
断水天数 南方	春秋季	7~10	11~20	21~30	>30
	夏季	5~7	8~12	13~20	>20
北方		7~10	11~15	16~25	>25

2. 区域农业旱情评估

区域旱情评估是旱情评估的重要内容之一,也是开展旱情评估的主要目的。干旱具有影响范围广的特点,然而,对于一次较大范围的干旱过程而言,不仅不同流域、省(自治区、直辖市)、地(市)、县(区)之间的受旱程度不同,就是同一区域内不同地点间的受旱程度也不尽相同,因此,进行区域旱情评价不仅非常必要,而且也是组织开展抗旱工作的重要依据。区域农业旱情是指干旱对某一区域农业生产影响的总体情况,包括作物受旱面积及受旱程度。区域农业旱情评估主要是对县级和县级以上行政区域农业总体受旱状况的评估,统一采用区域农业旱情指数法。区域农业旱情指数应按下式计算。等级划分见表12。

$$I_a = \sum_{i=1}^{4} A_i \times B_i \qquad\qquad (4)$$

式中:I_a——区域农业旱情指数(指数区间为 0~4);i——作物旱情等级(i=1、2、3、4 依次代表轻度、中度、严重和特大干旱);A_i——某一旱情等级作物面积与总耕地面积之比(%);B_i——不同旱情等级的权重系数(轻度、中度、严重和特大干旱的权重系数 B_i 分别赋值为 1、2、3、4)。

表 12　区域农业旱情等级划分表

行政区级别	不同旱情等级的区域农业旱情指数 I_a			
	轻度干旱	中度干旱	严重干旱	特大干旱
全国	$0.05 \leqslant I_a < 0.1$	$0.1 \leqslant I_a < 0.2$	$0.2 \leqslant I_a < 0.3$	$0.3 \leqslant I_a \leqslant 4$
省(自治区、直辖市)	$0.1 \leqslant I_a < 0.5$	$0.5 \leqslant I_a < 0.9$	$0.9 \leqslant I_a < 1.5$	$1.5 \leqslant I_a \leqslant 4$
地(市)	$0.1 \leqslant I_a < 0.6$	$0.6 \leqslant I_a < 1.2$	$1.2 \leqslant I_a < 2.1$	$2.1 \leqslant I_a \leqslant 4$
县(区)	$0.1 \leqslant I_a < 0.7$	$0.7 \leqslant I_a < 1.2$	$1.2 \leqslant I_a < 2.2$	$2.2 \leqslant I_a \leqslant 4$

由于历史上旱情等级划分沿用的是三分法,即将旱情划分为轻旱、重旱和干枯,而现在按照《国家防汛抗旱应急预案》的旱情等级划分方法,应分为轻度干旱、中度干旱、严重干旱和特大干旱四个等级。因此,在计算历史上某一区域的

旱情指数时,需要将三分法的历史旱情系列资料整编为四分法的历史旱情系列资料。具体方法如下:三分法中的轻旱面积按六、四分成,其中的六成划为四分法中的轻度干旱,四成划为四分法中的中度干旱;三分法中的重旱面积按二、六、二分成,其中的六成划分为四分法中的严重干旱,其余的四成平分为四分法中的中度干旱和特大干旱;三分法中的干枯属于四分法中的特大干旱。

(二)牧业旱情评估

牧业旱情是指牧草受旱情况,即土壤水分供给不能满足牧草返青或正常生长要求,导致牧草生长受到抑制甚至干枯的现象。牧业旱情评估包括牧业旱情评估和区域牧业旱情评估,相应的评估指标是牧业旱情指标和区域牧业旱情指标。

1. 牧业旱情评估

由于牧区普遍缺少土壤墒情监测站点,考虑到资料的有效性和可获取性,牧业旱情采用降水距平百分率和连续无雨日数进行评估。

(1)降水量距平百分率

采用降水量距平百分率评估牧业旱情时,基本方法与农业旱情评估相同,但考虑到牧草的耐旱性较作物要强,旱情等级划分标准不同,参见表13。

表 13　降水量距平百分率旱情等级划分表　　单位:%

旱情等级	降水量距平百分率 D_p		
	月尺度	季尺度	年尺度
轻度干旱	$-70<D_p\leqslant-50$	$-60<D_p\leqslant-30$	$-40<D_p\leqslant-20$
中度干旱	$-85<D_p\leqslant-70$	$-80<D_p\leqslant-60$	$-50<D_p\leqslant-40$
严重干旱	$-95<D_p\leqslant-85$	$-90<D_p\leqslant-80$	$-60<D_p\leqslant-50$
特大干旱	$D_p\leqslant-95$	$D_p\leqslant-90$	$D_p\leqslant-60$

（2）连续无雨日数

按连续无雨日数评估牧业旱情时,旱情等级划分见表14。

表 14　连续无雨日数旱情等级划分表　　单位:天

季节	不同旱情等级的无有效降雨天数			
	轻度干旱	中度干旱	严重干旱	特大干旱
春季(3～5 月) 秋季(9～11 月)	30～50	51～70	71～80	>80
夏季(6～8 月)	20～30	31～50	51～70	>70

2. 区域牧业旱情评估

区域牧业旱情评估主要是对县级和县级以上行政区域牧业综合受旱状况的评估,统一采用区域牧业旱情指数法。由于牧业在我国内蒙古、新疆、西藏、四川和青海五个省(自治区)较为集中,因此,一般分省(自治区、直辖市)、地(市)和县(区)三级行政区进行区域牧业旱情等级评估。区域牧业旱情指数按下式计算,等级划分见表15。

$$I_p = \sum_{i=1}^{4} P_i \times B_i \qquad (5)$$

式中:I_p——区域牧业旱情指数(指数区间为 0~4);
i——牧业旱情等级($i=1$、2、3、4 依次代表轻度、中度、严重和特大干旱);P_i——某一旱情等级草场面积与草场总面积比(%);B_i——不同旱情等级权重系数(轻度、中度、严重和特大干旱权重系数 B_i 分别赋值为 1、2、3、4)。

表15 区域牧业旱情等级划分表

行政区级别	不同旱情等级的区域牧业旱情指数 I_p			
	轻度干旱	中度干旱	严重干旱	特大干旱
省(自治区、直辖市)	$0.1 \leq I_p < 0.5$	$0.5 \leq I_p < 0.9$	$0.9 \leq I_p < 1.5$	$1.5 \leq I_p \leq 4$
地(市)	$0.1 \leq I_p < 0.6$	$0.6 \leq I_p < 1.2$	$1.2 \leq I_p < 2.1$	$2.1 \leq I_p \leq 4$
县(区)	$0.1 \leq I_p < 0.7$	$0.7 \leq I_p < 1.2$	$1.2 \leq I_p < 2.2$	$2.2 \leq I_p \leq 4$

(三)城市旱情评估

城市旱情是指因旱造成城市供水不足,导致城市居民和工商企业供水短缺的情况,包括供水短缺历时及程度等,采用城市干旱缺水率评估。城市干旱缺水率是指因干旱导致城市供水不足,其日缺水量与正常日供水量的比值。城市干旱缺水率按下式计算。旱情等级划分见表16。

$$P_g = \frac{Q_z - Q_s}{Q_z} \times 100\% \qquad (6)$$

式中：P_g——城市干旱缺水率（％）；Q_z——城市正常日供水量（立方米）；Q_s——城市实际日供水量（立方米）。

表 16　城市旱情等级划分表　　　　单位:%

旱情等级	轻度干旱	中度干旱	严重干旱	特大干旱
城市干旱缺水率 P_g	$5<P_g\leqslant10$	$10<P_g\leqslant20$	$20<P_g\leqslant30$	$P_g>30$

（四）因旱饮水困难评估

1. 因旱饮水困难评估

因旱饮水困难是指由于干旱造成城乡居民临时性的饮用水困难,属于长期饮水困难的不应列入此范围。因旱饮水困难必须同时满足表 17 中条件一和条件二,条件一中任意一项符合即可。

表 17　因旱饮水困难判别条件

判别条件			判别标准
条件一	取水地点		因旱改变
	基本生活用水量(升/人·天)	北方	<20
		南方	<35
条件二	因旱饮水困难持续时间(天)		>15

2. 区域因旱饮水困难评估

区域因旱饮水困难分全国、省(自治区、直辖市)、地(市)和县(区)四级行政区进行评价。由于我国各省(自治区、直辖市)之间人口总量差异悬殊,为能客观、合理评价因旱饮水困难程度,可采用因旱饮水困难人口数量或因旱饮水困难人口占总人口的比例两个指标,取两者中的较高者作为判定指标。地(市)和县(区)因旱饮水困难应采用因旱饮水困难人口占当地总人口比例作为评价指标。区域因旱饮水困难等级划分参见表18。

表 18　区域因旱饮水困难等级划分表

行政区级别		全国	省(自治区、直辖市)	地(市)	县(区)
轻度困难	困难人口(万人)	500～1500	50～100	—	—
	困难人口占当地总人口比例(%)	—	5～10	10～15	15～20
中度困难	困难人口(万人)	1500～3500	100～400	—	—
	困难人口占当地总人口比例(%)	—	10～15	15～20	20～30
严重困难	困难人口(万人)	3500～5000	400～600	—	—
	困难人口占当地总人口比例(%)	—	15～20	20～30	30～40
特别困难	困难人口(万人)	≥5000	≥600	—	—
	困难人口占当地总人口比例(%)	—	≥20	≥30	≥40

(五)区域农牧业综合旱情评估

区域农牧业综合旱情是指农业、牧业两者所占比例均较大的地区(如内蒙古)的综合旱情,采用农牧业综合旱情指数法进行评估。农牧业综合旱情指数按下式计算,等级划分见表19。

$$I_{ap} = \alpha \times I_a + \beta \times I_p \qquad\qquad (7)$$

式中：I_{ap}——农牧业综合旱情指数（指数区间为 0～4）；α——农业产值占农牧业总产值的比率（%）；I_a——区域农业旱情指数，按公式（15－4）计算；β——牧业产值占农牧业总产值的比率（%），$\alpha + \beta = 1$；I_p——牧业区域旱情指数，按公式（5－5）计算。

表19　农牧业综合旱情等级划分表

行政区级别	不同旱情等级的农牧业综合旱情指数 I_{ap}			
	轻度干旱	中度干旱	严重干旱	特大干旱
省（自治区、直辖市）	$0.1 \leqslant I_{ap} < 0.5$	$0.5 \leqslant I_{ap} < 0.9$	$0.9 \leqslant I_{ap} < 1.5$	$1.5 \leqslant I_{ap} \leqslant 4$
地（市）	$0.1 \leqslant I_{ap} < 0.6$	$0.6 \leqslant I_{ap} < 1.2$	$1.2 \leqslant I_{ap} < 2.1$	$2.1 \leqslant I_{ap} \leqslant 4$
县（区）	$0.1 \leqslant I_{ap} < 0.7$	$0.7 \leqslant I_{ap} < 1.2$	$1.2 \leqslant I_{ap} < 2.2$	$2.2 \leqslant I_{ap} \leqslant 4$

（六）区域综合旱情评估

区域综合旱情是指某一区域内农业、牧业受旱和城乡居民因旱饮水困难的综合情况。将区域农业旱情、牧业旱情或农牧业综合旱情与相应区域因旱饮水困难相比较，取等级高者作为该区域综合旱情等级。

（七）旱情频率

1. 干旱过程的确定

旱情具有逐渐发展的特点。长期以来，对于旱情的开始、结束缺乏明确的界定,往往导致抗旱活动滞后,甚至出现已经造成严重干旱损失才开始组织抗旱的现象。因此,有必要对旱情的开始、结束进行界定,从而为抗旱应急响应措施是否启动提供了判别条件。

所谓干旱过程,是指旱情发生、发展及解除的完整过程,包括干旱开始日期、结束日期、持续时间及干旱强度四个基本要素。干旱开始日期、结束日期及持续时间根据区域农业旱情指数和区域牧业旱情指数来确定:(1)指数大于0.1并持续10天以上即可确定为一次干旱过程的开始,指数大于0.1的日期确定为干旱开始日期;(2)指数小于0.1的最后一天确定为干旱结束日期,且指数小于0.1的持续时间不少于7天;(3)干旱开始至干旱结束的时间即为干旱持续的时间。干旱强度评估指标包括区域农业、牧业、农牧业旱情指数、最大的受旱面积和最大的因旱饮水困难人口数量,用于评价干旱开始后持续到某一时刻的最大影响程度。

2. 旱情频率的确定

长期以来,我国许多地区和部门仅以天然降水量作为衡量旱情频率的唯一指标(即多少年一遇的降水量就是多少年一遇的旱情),而忽略了旱情是降雨、气温、水供给、农作物种植结构、抗旱措施等条件的综合反映。另外一些地区以耕地受旱面积大小作为确定旱情频率的指标,而没有考虑这些耕地受旱程度不同的问题。为了能综合反映受旱范围和受旱程度,可采用区域农业旱情指数、区域牧业旱情指数或农牧业综合旱情指数作为确定旱情频率的指标。旱情频率曲线绘制可按以下步骤进行：

（1）对某一区域，采用统计整理后的历史旱情系列资料，利用区域农业旱情指数公式或区域牧业旱情指数公式或农牧业综合旱情指数公式，计算得到逐年干旱过程中最大的区域农业旱情指数或区域牧业旱情指数或农牧业综合旱情指数。

（2）将所有年干旱过程中最大的旱情指数（n 个）按由大到小的顺序排列，按下式计算年干旱过程的旱情经验频率。

$$P_i = \frac{m_i}{n+1} \times 100\% \tag{8}$$

式中：P_i——旱情经验频率（%）；i——计算旱情经验频率的年（次）序号；n——统计年数；m_i——按由大到小顺序排列的第 m 项，即统计年数内等于和大于第 i 年旱情指数的项数。

（3）在频率格纸上点绘经验数据（纵坐标为旱情指数的取值，横坐标为对应的旱情经验频率），并采用目估适线法绘制旱情频率曲线。

对于某一干旱过程，采用该次过程中最严重期间的旱情资料或该次干旱过程中某时刻的旱情资料计算，得到最大的区域农业旱情指数或最大的区域牧业旱情指数或最大的农牧业综合旱情指数，以此最大的旱情指数在已绘制出的旱情频率曲线上查得该次干旱过程或某时刻的旱情频率。

五、农业抗旱节水技术

农业抗旱节水技术是指通过对土壤结构、质地的改良及对土壤添加化学制剂,表面应用覆盖措施,使耕层土壤的水、肥、气、热、盐进行最优耦合作用,达到作物生长的最适宜环境,并应用选育抗旱性强的物种及品质。其最终目的是以土壤为中心,增加降雨灌溉入渗率,减少棵间蒸发和地表地下径流,最终达到提高作物产量,提高作物水分利用率。

按照抗旱节水机制的性质不同,农业抗旱节水措施可分为保墒类节水措施和提高作物光合效率类节水措施。保墒类节水措施可分为器械保墒、覆盖保墒和化学保墒。提高光合效率类节水措施包括良种化措施、土肥措施、化学调控措施、栽培和管理措施等。

农业抗旱节水措施不同于节水工程措施,具有以下两个特点:(1)直接节水量为土壤水,而不是地表水或地下水,节水量难以转移到农田以外的利用,主要体现在农田水分生产效率的提高;(2)抗旱节水作用与增产作用基本同步发生,节水量大多转变为作物增长量,一般情况下田间水分生产效率虽有较大幅度提高,但实际净耗水量并未显著减少。

（一）器械保墒技术

　　器械保墒技术主要包括深耕深松蓄墒、耙耱保墒、镇压提墒、中耕保墒蓄墒等。

　　深耕、镇压相结合，打破犁底层，促进土壤熟化，加厚活土层，改善深层土壤的物理性能，减少土壤机械阻抗，有利于作物根系向深层土壤延伸，增加植株对底土水分和养分的吸收范围，扩大营养面积，促进作物高产。耕松后雨水迅速入渗，起到蓄水保墒的作用，可增加土壤中氧气含量，利于有机物分解，消灭杂草，防止作物病虫害发生。耙耱使土壤细碎平整，耕层土壤上虚下实。镇压是用不同形状和不同重量的农具镇压土壤，冬春季节避免跑风漏风，早春季节有利于底墒深墒向上传导，播后镇压使种子与土壤密切结合，利于种子吸收水分并及早发芽。苗期雨后适墒中耕松土，改变土壤结构，抑制土壤水分蒸发。免耕措施是在尽量不耕翻土壤的条件下，尽可能保留前茬作物残存茎叶及根茬，并采用化学锄草和病虫害防治。这种耕作栽培的特点是不破坏土壤结构，保持土壤原有的物理性状，使耕作层保持良好的水分状况。免耕增产是由非耕土壤蓄水保墒的能力，尤其是作物苗期阶段的土壤墒情状况决定的。

（二）覆盖保墒技术

　　覆盖保墒技术包括砂石覆盖、秸秆残茬覆盖、地膜覆盖。

　　砂石覆盖是我国西北半干旱地区的抗旱保墒增产措施。做法是把卵石、砾石与粗砂、细沙平铺在经过深耕、施肥、压平以后的田地上。长期实践已证明,覆盖后的砂田比无任何覆盖的土田有突出的抗旱、压碱、增产作用。

　　地膜覆盖是利用厚度为 $0.002 \sim 0.02$ 毫米的聚乙烯塑料薄膜覆盖在地表的一种保温提墒措施。薄膜凝集从土壤蒸发的水量回补土壤水分,形成耕层与地膜的水循环体系。在减少土壤无效蒸发的同时,减少土壤积盐,保护耕地免受风蚀水蚀。增强地面反射光与散射光,增加叶面下部光合强度,高寒地区提高地温 $2 \sim 4\text{℃}$,延长生长期,提早上市。不过地膜覆盖也存在一些问题,如地膜覆盖早衰问题、病虫害问题、地膜残留问题等。

　　秸秆覆盖是利用秸秆等作物性物质覆盖土壤表面的一种增温保墒措施,可避免因雨滴的直接冲击在土壤表面形成不易透水透气的土壤板结硬壳,减少径流,增加降雨直接入渗量,防止风蚀水蚀。覆盖割断了蒸发层与下层土壤的毛管联系,减少土壤空气与大气的乱流交换,有效抑制蒸发,进而抑制盐分累积。覆盖在地表形成土壤与大气热交换的障碍物,防止太阳直接辐射,并减少土壤热量向大气散发,缓解气温激变对作物的伤害。覆盖秸秆经微生物分解转化形成腐殖质,能提高土壤的缓冲性能并可和碳酸钠作用形成腐殖酸钠,降低土壤碱性;还能刺激作物生长,增强抗盐能力,促进团粒结构的形成,使孔隙度增加,透水性增强,有利于盐分淋洗,同时使毛管作用减弱,有利于抑制返盐。秸秆覆盖需考虑覆盖量和覆盖时间及覆盖可能引起的病虫害滋生。覆盖量应根据当地气候条件、土壤类型而定。如较湿季节或较湿土壤带，覆盖量过多造成土壤过冷或过湿，作物生长不利。干旱季节和地区，加大覆盖量，有利于覆盖保墒。

（三）化学保墒技术

化学保墒技术是利用化学制剂实现抗旱保墒，常用化学制剂包括保水剂、土壤蒸发抑制剂和土壤结构改良剂。

保水剂主要成分为高吸水性树脂，是一种高分子材料，能吸收并保持相当于自身重量几百甚至几千倍的水分。按其原料和合成途径可分为淀粉类化合物、纤维素合成物、聚合物3种类型。其主要功能是，施入保水剂的土壤在降水或灌溉后，保水剂可吸收相当于自身重量数百倍或上千倍的水分，土壤在水分缺乏时所含水分慢慢释放，供作物吸收利用，遇降水或灌溉后再吸水膨胀，在土壤中形成一个具有水分调节能力的"分子水库"，对土壤中的水分含量起到一定的缓冲作用。保水剂的这种吸水保水功能可增加土壤田间持水量，减少地表地下径流，同时一定程度上减缓地面蒸发。可用于种子包衣、复合制剂拌种、幼苗蘸根及土壤内播施等。有利于促进种子发芽，提前出苗，提高出苗率和移栽成活率，具有突出的促苗生长效应，并延缓凋萎时间，提高穗粒数和粒重。

土壤蒸发抑制剂也称土面液膜或液态地膜，能够起到增温保墒、改良土壤等作用。使用土壤蒸发抑制剂后，可提高土壤表层温度2～4℃，土面蒸发抑制率在30%以上，土壤表层含水量可提高20%。土壤蒸发抑制剂主要有沥青制剂、合成酸制剂、天然酸渣制剂等,其中以沥青制剂效果最好。土壤蒸发抑制剂适用面较广,除在农业上进行地表喷涂外,还可用于坡地、盐碱地、沙地,风口、滩涂、渠道防渗、集雨场建设及树木防冻等方面。

目前,国际上使用的土壤结构改良剂主要为聚丙烯酰胺(PAM)、沥青乳剂和电厂除硫副产品石膏。我国应用的主要是沥青乳剂。土壤结构改良剂可以有效地提高土壤墒情,增加耕层地温,使作物生育期提早 2～7 天,土壤湿度增加 5%左右,同时还能起到改良土壤结构,协调土壤水、肥、气、热及生物之间的关系,减少水土流失,增强渠道防渗能力,抑制土壤次生盐渍化和提高沙荒地的开发利用等作用。土壤结构改良剂主要适用于我国北方干旱、半干旱和作物生育期积温不足的地区,以及土壤结构差的土壤,特别是缺水严重的旱季或坡耕地、盐碱地。

(四)化学调控技术

化学调控是指植物系统抗旱节水的化学制剂调控措施,主要包括植物抗蒸腾剂和植物生长调节剂。目前植物抗蒸腾剂主要有 3 个类型:关闭气孔型、薄膜型、反射型。目前应用广泛的是黄腐酸制剂 FA 旱地龙。植物生长调节剂是一类人工合成的具有类似于植物内源激素功能的化合物。它可以作为化学信使,使植物体内酶的活动相互关联起来,控制酶的产生或活动,因此对植物生长发育和各个方面都具有重要作用。天然植物生长调节剂 ABA 和 GA 都具有这种作用。人工合成的植物生长抑制剂如矮壮素、B₉等，在抑制地上部分生长的同时，可促进根系的生长，增强根系的吸水能力，因而可以起到节水抗旱和增产增收的良好效果。

化学制剂调控水分应用应注意的几个问题：（1）切实搞清不同制剂最根本的抗旱机理及其他特性，以便抓住本质特性进行研究及应用。（2）长期应用效果及对环境的评价。（3）不同土壤作物生育期施肥条件下，使用的最佳时期、最适宜用量及浓度、使用的土壤水分条件及气候干旱条件。（4）适宜的制剂品种及类型。

（五）玉米节水高效综合配套技术

玉米的抗旱能力较强，水分生产效率是水稻的 4 倍、小麦的 2 倍。单种优质高产玉米是压减水稻和小麦套种玉米以后最重要的种植模式。

（1）选用抗旱高产品种。选用抗旱性较强的玉米品种，在有限供水条件下，可以获得较高的产量。全生育期灌 2～3次水，亩产可达 850 公斤。

（2）平衡施肥，以肥调水。因地制宜按土壤肥力特点和玉米需肥特点进行平衡施肥。在合理配施氮磷肥的基础上，对土壤缺锌的农田，可亩基施硫酸锌 1.5 公斤。同时，基施的农家肥和磷肥应深施到 15～20 厘米，以促进玉米下层根系生长，增强玉米利用土壤深层水分的能力。

（3）抢墒播种、对保水性差的沙质农田应采取免冬灌直接春灌足墒播种的方法，播种期可以延迟到 4 月下旬至 5 月初。同时,玉米单种的播种深度应比套种深,一般以6～7厘米为宜,增强玉米苗期抗旱能力。

(4)采用小畦灌和垄作沟灌的种植方式。小畦灌和垄作沟灌较大田漫灌可减少灌水定额20%～30%。在现有田块的中间等距离打1～2条田埂,就可形成宽8～13米,长30～40米的畦田。垄作沟灌是将田面建成垄沟相间分布,在垄坡上种玉米,在沟内灌水的一种种植方式。一般玉米垄沟修筑的规格是:垄面宽50厘米,沟底宽20厘米,垄坡宽(垄坡直投影)20厘米,垄高20厘米。垄沟可由人工修筑,也可用打埂机、犁等农具先进行开沟起垄,再经人工修筑成形。

(5)中耕保墒,以土蓄水。分别在玉米出苗期和拔节期灌头水后及时中耕2次,以切断毛细管,减少土壤蒸散失水,提高地温,促进根系下扎,增强玉米的抗旱能力。

(6)覆盖栽培,抑蒸保墒。地膜覆盖可有效的抑制土壤水分的无效蒸发,抑蒸效果可达80%以上。秸秆覆盖也能减少地表蒸发,提高耕层供水量。研究表明,地膜或秸秆覆盖可节约灌溉用水60～80立方米/亩,增产5%～15%。

(7)促控结合,有限灌溉:研究表明,玉米苗期对水分胁迫的抵抗能力较强,适当的水分胁迫可起到蹲苗和抗旱锻炼的作用。因此,玉米苗期的水分管理以控为主,一般不需要灌水。拔节期要及时灌水,一方面通过灌水追肥满足玉米快速生长的要求,另一方面对苗期控水起到补偿作用。玉米抽雄期水分胁迫将导致减产,应及时灌水。灌浆期正逢雨季,如果该期间降雨较多,可不灌水;如果遇上干旱年份,择机补灌1次水。

（六）水稻节水配套栽培技术

水稻抗旱栽培着重抓好以下技术：

（1）大力推广旱育秧技术，培育多蘖壮秧。一是降低播量、培育带蘖或多蘖壮秧。即通过扩大育秧苗床面积，减少每平方米范围的播种量，适当延长旱播秧苗的秧龄弹性，提高秧苗素质，既可提高单产，又可解决前期无水插秧的矛盾；二是秧田采用全旱管理，培育带蘖或多蘖壮秧，增大秧龄弹性，有水就适时插秧，缺水则可延后一段时间再插；三是化学调控延长秧龄，3叶期后视情况喷施1～2次多效唑，既控制秧苗徒长，又增强秧龄弹性，防止老苗；四是在缺水地区尽量采用中生育期短的品种进行晚育晚插，接上雨水；五是超龄老秧，秧龄期超过70天，叶龄超过8叶的秧苗，其栽培技术是靠插不靠发，移栽时必须通过增加栽插丛数或每丛苗数来保证穗数，从而有效提高单产。

（2）推进水田旱整技术，确保秧苗适时移栽。传统的耕翻整地作业，不仅需要大量的机械投入，而且泡田整地时间长，需水量大，造成大量的水资源浪费。采用旱作整地技术，可以克服上述缺点，不仅整地质量高，而且可以节省大量的泡田用水。旱整地每亩泡田用水需70～80立方米，而水泡整地每亩泡田用水需120～140立方米，节水50立方米以上。推广旱整地技术，即"边放水、边整地、边插秧"，缩短泡插时间，做到节约用水。部分小麦或大麦田块收获后，也可不再进行翻犁，直接放水泡田并通过浅旋耕后即可移栽。

（3）采用覆膜旱直播技术，降低水稻生产用水。水稻覆膜直播湿润栽培技术是在一定规格的厢面上覆膜，然后打孔，直接播种芽谷，全生育期实行湿润管水的一种新型节水、节支、省工、增产技术，也是一种减少技术环节、降低劳动强度的轻型栽培技术。该技术具有"一早两免三省四提高"的显著特点。技术要点如下："一早"，即提前成熟10天左右；"两免"，即免去了育秧和薅秧环节；"三省"，即省水、省工、省钱；"四提高"，即提高产量、品质、肥料的利用率和经济效益。技术措施：一是选用本地区推广应用适应性强的杂交水稻良种，如岗优22、岗优725等；二是对旱田进行两犁两耙，使土壤充分细碎，然后按2米开厢，厢面宽1.8米，沟宽0.2米，沟深0.07—0.10米；三是施足底肥，亩用农家肥1500公斤，硫酸钾5—10公斤、敌克松2.5公斤拌匀作底一次性施用；四是规范化种植，确定合理群体。每厢按行距0.2米，塘距0.15米播种，每亩播20000塘，每塘播5～6粒，确保亩基本苗在5～6万苗，单株分蘖在2～3个，亩有效穗在15～18万穗，平均每穗实粒数按70粒，千粒重按28克算，亩产量达290～350公斤；五是加强田间管理，重点做好肥水管理和病虫害防治工作。在肥料施用上注重苗肥、分蘖肥和穗肥的施用，肥料品种及施用量与一般水稻栽培的施肥水平相同。病虫草害的防治重点做好立枯病、稻瘟病、细条病和稻飞虱、螟虫、粘虫及杂草的防治；六是适时收获，做到九黄十收。

（4）推广节水灌溉技术。这一技术是根据作物生长对水分需求的量和干旱胁迫对水稻生长的影响程度，在水稻对水的敏感期进行灌溉，不太敏感期不灌水。采用减少稻田的灌溉次数,减少每次灌水量。这一措施主要采用水稻精确定量栽培技术提倡的干湿交替灌溉技术。具体做法如下:移栽后7天,灌浅水,干湿交替,保持田面湿润。移栽后7天至有效分蘖临界叶龄期前一叶龄期(即8.5叶,够苗80%),浅水灌溉,水层2～3厘米,并视苗情露田1～2次。从8.5叶期到11.5叶期,进行分次搁田,先轻后重。第一次轻搁田间在8.5叶期开始,田内开好丰产沟,沟深20厘米,搁田程度为田面不裂缝、不陷脚。隔3～5天,第二次重搁。程度:风吹稻叶响,叶尖刺手掌,田面泛白根,中间不发白。第10.5叶期到抽穗25天,浅水勤灌,以浅水层和湿润为主。抽穗后25天到成熟,以湿润为主,干湿交替,养根保叶。

(5)采用水改旱技术。水改旱技术既包括水稻改种陆稻,也包括水稻改种玉米、马铃薯、红薯、大豆等旱地作物。对完全没有灌溉水,干旱严重的地区,建议改种陆稻、玉米、大豆等旱粮作物,采用旱作的增产来弥补水稻减产带来的损失。

(七)春小麦节水栽培技术

根据试验资料及实践经验,提出小麦节水主要技术措施,达到每亩节约水40～60方。

(1)平整田面,缩小灌面。田面不平或田块过大,既延长灌水时间,又增大灌水量,同时还影响小麦正常生长发育。必须采用冬水前大平(取高垫低),冬水后小平(在化冻时铲平田嘴子),春播前细平(耙糖保墒)的措施,认真、精细平整田面,使同块田内高低差不超过5厘米。对田块过大及高低不平的田块,要根据地形打埂隔成0.5亩左右的小块,采用小畦灌溉,试验结果表明:采用42.5米×8.5米(0.46亩)及42.5米×9.3米(0.54亩)的小畦面灌溉,比42.5米×32米(2.08亩)的大块田灌溉,亩平均节水17.75%,粮食产量可以提高25%～26%。这样既可以提高小麦的单位面积产量,又能节省灌水量,提高经济效益。

(2)选用节水品种。2001年新审定的小麦新品种宁春32号(优质小麦)、宁春33号(适合中、低肥力田种植)灌水技术要求勒二水,全生育期灌水3～4次,符合节水宗旨,可与宁春4号搭配种植。

(3)早灌头水,勒二水,减少灌水次数。根据1980年永宁县农技推广中心在推广中心基地地势较高的常年旱田灌水次数试验结果,宁春4号单种小麦在其他措施相同的条件下,灌4次水的千粒重为44.6克,亩产量为484.3公斤,比灌5次水的千粒重提高3.9克,亩产量提高59公斤,增产13.8%;灌3次水的千粒重为46.0克,亩产量为481.5公斤,比灌5次水的千粒重增加5.1克,亩产量增加56.2公斤,增产13.2%。灌水次数多的小麦田间表现植株高度增加,贪青迟熟,籽粒不饱满;灌水少的小麦虽然植株高度稍低,但成熟落黄好,籽粒饱满而夺得高产。据此试验结果,单种小麦灌三水。应早灌头水(4月25日至5月5日灌),勒二水(5月15日至5月20日结合玉米追施苗肥灌),抽穗后15天(6月15日至6月20日,结合玉米追穗肥时灌)灌浆水。

对套种玉米的小麦田块,6月底至7月初正是玉米营养生长和生殖生长的茂盛期,玉米不能受旱,当中午玉米萎蔫时灌四水。套种玉米的小麦田块灌四水,节省 1～2 水。坚决克服和杜绝渠系上游"水从门前过,不淌也有错"的大水漫灌、多灌而浪费水资源的错误倾向。

(4)中耕除草,蓄水保墒。小麦封垄前,用小锄头中耕除草,疏松土壤,切断土壤毛细管,防止水分蒸发,蓄水保墒,防止地表干裂,促进麦苗健壮生长。4 月中旬小麦头水前,采用 2,4D‑丁醋进行化学锄草,减少杂草消耗水分。

(5)叶面喷肥,延缓植株衰老。在小麦灌浆期,可叶面喷施促丰宝每亩每次用量 120 毫升, 每次兑水 30～40 斤,或欣欣活力素每亩每次用量 25～50 毫升, 兑水 30 斤进行喷雾。

(八)软管输水灌溉技术

软管输水灌溉是低压管道输水灌溉技术的一种形式,软管是用聚乙烯材料吹塑而成,它可以爬坡、过沟而弯曲伸展在田野中,形似长龙,又因其色泽洁白,故群众名其为"小白龙"。由于该技术具有简便易行、机动灵活、投资较低的特点,适合农民一家一户个体灌水使用和管理,是一项有效的节水灌溉措施。

1. 软管输水灌溉的优缺点

(1)软管输水灌溉技术有以下主要优点:一是节水。软管输水有效地减少渗漏、蒸发损失,提高水的有效利用率,一般可比土渠输水节约水量 30% 左右。二是输水快、省时,灌水效率高。软管输水是在一定压力下进行的，一般比土渠流速大、输水快，供水及时，有利于提高灌水效率。根据实测，440米长的土渠输水，从首到尾需要1.2小时，而使用软管输水只用8分钟，日灌水速度提高25%以上。三是投资少、见效快。软管价格较低，买回后即可使用，搬动省力，铺设可长可短，只一人操作就可以了。四是机动灵活、适应性强，便于推广。软塑管输水，用时铺设，灵活自如，适应单户或联户经营管理。软塑管铺设容易，伸缩自如，不受地形限制，小坡小坎能爬，沟路林带能穿，可解决零散地块或局部旱田的浇水问题。

（2）软管输水灌溉的缺点。软塑管使用寿命短（一般不超过四年）。强度低，最大承压仅0.6公斤/平方厘米。机械性能差，易遭扎、划损伤。耐低温、抗老化性能差，当气温在0℃以下时容易出现断裂。

2. 软管输水灌溉的形式和方法

（1）软管输水灌溉的形式。在井灌区用软塑管输水灌溉，要根据需浇灌的地块、井位、机泵装配状况及井的出水量来布设输水路线。因此，要因地制宜地选择输、配水方式。使用软管输水灌溉可分为三种情况：一是目前在农业生产中应用较多的半固定低压管道灌溉系统中的地面输水部分，由分水口（给水栓）连接移动软管输水入畦中，软管长度较短，灌水劳动强度较低。二是输配水一条龙，软管始端接水泵出水口，将水直接输送到田间末级渠道或畦中，其输水部分采用直径较大的管，配水部分采用直径较小的管。这种形式适用于出水量和单井控制面积不大的浅机井。三是输水用软管,配水用田间末级土渠。这种形式多适用于水量大、输水距离远的情况。

（2）软管输水灌溉方法。使用软塑管道输水,不论选取哪一种输配水方式,都要力求线路短,控制面积大,输水畅通。地势较平坦的灌区,可沿田间道路、林网线路铺设;地形较复杂的灌区,可根据地势选择最佳路线;在老灌区,可沿原有土渠或顺耕作垄铺设。

使用软塑管浇地,顺序一般是先远后近,先高后低;田间灌水过程中采用脱节分段法,浇完一段地,抽掉一节管。为了使用方便,软塑管每节长度一般根据地块大小必畦田长短而定。连接方式:一种是同径管输水采取"揣袖"办法套接,即顺水流方向内插搭接1.2～2.0米,不要搭接太少,以防漏水或脱节。应注意搭接处尽量避开管路拐弯段。第二种是利用硬塑料接头或其他硬质接头连接,把两节软管的接头用细绳在硬塑接头中间的凹槽里捆牢。

3. 软管材料选择

软管按其生产材料可分为薄膜塑料软管、涂塑软管、双壁加线塑料软管、涂胶软管、橡胶管、橡塑管等,管道灌溉系统中用的最多的是聚乙烯薄膜塑料软管和涂塑软管。

（1）聚乙烯塑料软管。聚乙烯塑料软管也称聚乙烯薄膜塑料软管,在低压管道输水灌溉系统中应用的聚乙烯塑料软管主要是线性低密度聚乙烯塑料软管（LLDPE 塑料软管）。它是以 LLDPE 树脂为主体,加入适量的其他高分子材料经吹塑成型制造而成。LLDPE 塑料软管不仅用于地面移动输水灌溉,也作为地埋外护工管的防渗内衬材料。

LLDPE 塑料软管目前还没有统一的国家标准,水利部门会同有关塑料厂家,结合地面低压管道输水灌溉的特点研制开发出的 LLDPE 塑料软管的部分规格参见表 20。

表 20　LLDPE 塑料软管的规格

折径 (mm)	直径 (mm)	壁厚(mm)		单位长度重量 (kg/m)		单位重量长度 (m/kg)	
		轻型	重型	轻型	重型	轻型	重型
80	51	0.20	0.30	0.029	0.044	34.0	22.0
100	64	0.25	0.35	0.046	0.064	21.0	25.6
120	76	0.30	0.40	0.066	0.088	15.0	11.4
140	89	0.30	0.40	0.077	0.105	13.0	9.5
160	102	0.30	0.45	0.088	0.118	11.4	8.5
180	115	0.35	0.45	0.116	0.149	8.6	6.7
200	127	0.35	0.45	0.128	0.165	7.8	6.1
240	153	0.40	0.50	0.176	0.220	5.7	4.5
280	178		0.50		0.258		3.9
300	191		0.50		0.276		3.6
320	204		0.50		0.293		3.4
400	255		0.60		0.412		2.4
500	318		0.70		1.280		0.8
600	382		0.70		0.420		0.7

注:表中壁厚供参考,不同厂家生产的同一折径的管材壁厚不尽一致。

　　(2)涂塑软管。涂塑软管是用锦纶纱、维纶或其他强度较高的材料织成管坯,内外壁或内壁涂敷聚氯乙烯(PVC)或其他塑料制成。根据管坯材料的不同,涂塑软管分为锦纶塑料软管、维纶塑料软管等种类。涂塑软管具有质地强、耐酸碱、抗腐蚀、管身柔软、使用寿命较长,管壁较厚等特点,使用寿命可达3～4年。管道材料规格参见表21。

表21　涂塑软管的规格

内径(mm)		工作压力(MPa)				长度(m)
基本尺寸	极限偏差					
25		0.8	0.6			
40	±1.0	0.8	0.6	0.4		
50		0.8	0.6	0.4	0.3	
65		0.8	0.6	0.4	0.3	
75	±1.5	0.8	0.6	0.4	0.3	200±0.20
80		0.8	0.6	0.4	0.3	
90			0.6	0.4	0.3	
100			0.6	0.4	0.3	
125	±2.0		0.6	0.4	0.3	
150				0.4	0.3	

注:本表摘自GB9476—88。

4. 软塑管的管径选择

使用软管浇地,关键是选择管径,只有根据不同的井型、机泵、出水量和输水距离,选择合适的管径,才能使设备投资少,运行费用低,达到省水、节能,多浇地的目的。软塑管的输水能力除取决于断面尺寸之外,还输配水全部用软塑管。软塑输水管道应和机泵作为一个整体来综合考虑,泵出水量大,软塑管直径细,输水距离远都会造成扬程增加过多,导致吨水耗能增加。在一般情况下,选择的软塑管与水泵配接后的出水量减少值,以不超过10%为宜。根据各地实践及测试经验,现将软塑管规格及相应的输水量和最大输水距离,见表22:

表22　软塑管选择参考表

管径	出水量（吨/小时）	长度（米）	管径	出水量（吨/小时）	长度（米）
3吋(折径120mm)	10 15 20	<550 <300 <150	5吋(折径200mm)	40 45 50	<550 <400 <350
4吋(折径160mm)	20 25 30 35	<600 <450 <300 <250	6吋(折径240mm)	50 55 60 65	<600 <500 <400 <300

如单井出水量每小时20立方米左右,可选折径(半周长)120毫米软管,输水距离可达150米。若输水更远时,则可选折径160毫米软管。折径240毫米以上的软管可做输水主管道,下设3～4条支管配水。支管折径可选用100毫米以下的软塑管。

5. 使用中的维修与保管存放

(1)使用中的维修。塑料薄膜软管输水,由于壁薄容易划破,也可能局部有气眼,特别是在折边处最易损坏。在使用过程中对于管道的小口堵漏,可采用以下几种方法:①用聚乙烯黏合剂粘补,剪好比破口大的薄膜塑料补垫,均匀地涂上黏合剂,粘在坏口上即可。②用细短管套在粗管破口处,靠水压封住漏口。③加垫黏结,将薄膜塑料放在破口处,其上面再放一层纸或其他东西,加垫黏结。④对于破口过大不易黏结的,可剪去损坏段,再内插套接。

(2)保管存放。据调查,目前各地反映软塑管寿命不长的主要原因有四种:一是仓库存放时易被鼠咬;二是在田间使用过程中任意拖拉,特别是带水拖拽易被划破;三是用后放在田间风吹日晒,容易老化;四是运输时折边处易被磨损破坏。

鉴于上述原因,为保管好塑料软管,除在运输中要妥善保护外,在使用时要注意修平管基,以防被杂物划破。移动时不要拖拉,特别要防止带水拖拉。用后要及时洗净,放在通风阴凉处晾干卷好,吊装存放;也可放在缸内或放在专门修筑的水泥窖内,用盖封闭,防止鼠咬。

塑料软管是一种新的灌水方法,合理应用,确能收到较高的经济效益,但如果认识不足,盲目使用,就可能导致灌溉效率降低,能耗增加,造成很大的浪费,所以合理地选择使用井、泵、管,使其配套后的灌溉效率最高,能耗最低,是至关重要的。

(九)旱地龙实用技术

1. 产品介绍

旱地龙是国家防汛抗旱总指挥部办公室推广的多功能植物生长营养剂,是发展绿色、无公害农业的一种优良高科技新产品。该产品无毒、无副作用、无污染、使用灵活、操作简单，适用于粮食作物、经济作物、水果、蔬菜、林木花卉、牧草等。

(1)成分:以天然低分子量黄腐酸为主要成分,含有植物所需的多种营养元素和16种氨基酸及生理活性基团。

(2)作用:具有"有旱抗旱保产、无旱节水增产"的双重功能。

(3)施用方式:包括拌种、浸种、灌根、蘸根、随水浇灌、叶面喷施等六种施用方法。

(4)作用机理:用于拌种、浸种可以促进种子内各种酶的活性,加强种子呼吸强度,提高种子发芽率和出苗率,并延长播种时间(10天左右);同时可促进根系发达,增强作物对土壤深层水分及养分的吸收,使作物苗齐苗壮,增强作物抗旱、耐寒、抗伏倒能力。用于蘸根、灌根可促进移栽秧苗新根快速形成,提高移栽秧苗成活率。用于随水浇灌能活化土壤固态营养元素,改善土壤团粒结构,疏松板结土壤,促进作物生长发育。用于叶面喷施能有效控制植物叶片气孔开张度,减少水分蒸腾,提高作物体内酶的活性及叶绿素含量,增强光合作用,促进新陈代谢,调节生长发育,从而达到抗旱、抗干热风、耐寒、防病虫害的能力(一般喷施一次可持效17～21天),并使果实个大、饱满、无畸形、早熟,最终达到保产、增产和改善品质的目的。另外,与酸性叶肥或农药混合喷施,可起到缓释增效的作用,与除草剂等农药混合喷施可避免因用药过量而造成的烧苗现象。

2. 施用方法

(1)小麦。喷施:每亩用旱地龙50～100克溶于50公斤水中。施用最佳时期为孕穗期及灌浆期,推荐生长周期应喷施 2 次,喷施间隔 15 天。如遇特大旱情旱地龙用量可增加达 100 克,一般增产 10%～20%。拌种:50 克旱地龙溶于 3 公斤水中可拌种 25 公斤,拌种后稍加晾干即可播种。一般增产 10%～15%。

(2)玉米。喷施:每亩用旱地龙 100 克溶于 50 公斤水中,施用最佳时期为大喇叭口期。生长周期应喷施肥 2 次,喷施间隔 15 天。一般增产 5%～10%。如遇特大旱情,旱地龙用量可增加达 150 克。随水浇灌:每亩旱地龙量 300 克,稀释后随水浇灌。一般增产 5%～10%。

(3)蔬菜。喷施:每亩用旱地龙 50～100 克溶于 50 公斤水中,施用期为全生育期。生长周期应喷施 3 次,喷施间隔 15 天。一般增产 25%～35%。拌种:每 2.5 公斤种子用旱地龙 5 克。

随水浇灌:亩用旱地龙量 200～300 克稀释后随水浇灌。施用最佳时期为随第一水及第三水浇灌。一般增产 15%～20%。一个生长周期浇灌两次可防治根腐病。

(4)瓜类。喷施:每亩用旱地龙 1000 克溶于 50 公斤水中,施用期为全生育期,生长周期应喷施 3 次,喷施间隔 15 天。一般增产 15%～30%,可提高糖度 1 度左右,维生素 C25%。

(5)果树。喷施:每亩用旱地龙 100 克溶于 50 公斤水中,施用最佳时期为开花前和果实膨大期。生长周期应喷施 2 次,喷施间隔 20 天。一般增产 15%～30%。每株果树用 15 克旱地龙在出叶前灌根。

3. 注意事项

（1）选择早晚天凉无风时喷施效果最佳。如喷施后四小时内遇到雨淋需重喷。

（2）本品溶于水后最好及时喷施，如放置时间较长而产生的沉淀絮凝物为本品的无效成分，其上清液可继续使用，不影响喷施效果。

（3）上述旱地龙用量不能随意加大，否则将影响增产效果。

（十）小型节水灌溉设备

（1）补水机——8BS－Z50A型旱地移动式增压补水机。是以家庭型农户为主的旱作补水机械，不受耕地条件的制约，一人一机，通过增压泵增压，利用注水枪直接把水注入作物根部实现最大限度节水灌溉，一机一天补灌2～3亩，每次用水量为1.5～1.8立方米/亩，用水量仅相当于传统人工补灌的25%，可有效解决旱作农业补水难、效率低、耗水量多、蒸发大和劳动强度大等问题。同时，该设备也可用于温室追肥、养殖场消毒或农林业防病、除草。适合作物主要为穴播农作物。

（2）注水器——8BSZ5.5－22型动力增压注水机。是在8BS－Z50A型旱地移动式增压补水机基础上进一步改进的产品，变人力牵引为固定式动力增压，通过小型汽油机增压，最小作业半径在50米，最小吸程5米，一机一天补灌10亩左右，实现一机多头的半自动化补灌，最大限度解放劳动力，提高劳动率。

参考文献

1. 国家防汛抗旱总指挥部办公室:《防汛抗旱专业干部培训教材》,中国水利水电出版社 2010 年版

2. 国家防汛抗旱总指挥部办公室:《中国水旱灾害》,中国水利水电出版社 1997 年版

3. 水利部:《中国水利年鉴》,中国水利水电出版社 2006 年版

4. 水利部:《水利辉煌 50 年》,中国水利水电出版社 1999 年版

5. 左强、李品芳等:《农业水资源管理与利用》,高等教育出版社 2003 年版

6. 水利部:《雨水集蓄利用技术与实践》,中国水利水电出版社 2001 年版

7. 武汉水利电力学院:《小型水库工程》,人民教育出版社 1978 年版

8. 张祖新、龚时宏、王晓玲等:《雨水集蓄工程技术》,中国水利水电出版社 1999 年版

9. 张荣鑫等:《丘陵地区塘坝技术问答》,中国水利水电出版社 1998 年版

10. 李怀有、赵安成等:《黄土高原沟壑区集雨节水灌溉技术》,黄河水利出版社 2002 年版

11. 史慧珍、徐学选等:《黄土高原窑窖集水工程技术探讨》,《水土保持通报》第 2 期,2001

12. 许红艳、何丙辉等:《我国黄土地区水窖的研究》,《水土保持学报》第 2 期,2004

13. 郭元裕:《农田水利学》(第三版),中国水利水电出版社 1997 年版

14. 国家标准《泵站设计规范》,GB/T50265—97

15. 行业标准《机井技术规范》,SL256—2000

16. 邵东国:《跨流域调水工程规划调度决策理论与应用》,武汉大学出版社 2001 年版

17. 庞鸿宾:《节水农业工程技术》,河南科学技术出版社 2000 年版

18. 王礼先:《水土保持工程学》,中国林业出版社 2000 年版

19. 马鹤年:《气象服务学基础》,气象出版社 2001 年版

20. 马金虎、张卫平、杜守宇等:《宁夏引黄灌区抗旱节水实用技术选编》,2005

责任编辑:柏裕江　张连仲
　　　　　郑牧野　阮宏波
封面设计:肖　辉
责任校对:周　昕

图书在版编目(CIP)数据

抗旱减灾指导手册/国家防汛抗旱总指挥部办公室 编著.
　-北京:人民出版社,2010.5
ISBN 978－7－01－008891－4

Ⅰ.抗…　Ⅱ.国…　Ⅲ.农业-抗旱-手册　Ⅳ.S423－62

中国版本图书馆 CIP 数据核字(2010)第 074018 号

抗旱减灾指导手册
KANGHAN JIANZAI ZHIDAO SHOUCE

国家防汛抗旱总指挥部办公室　编著

人民出版社 出版发行
(100706　北京朝阳门内大街 166 号)

环球印刷(北京)有限公司印刷　新华书店经销

2010 年 5 月第 1 版　2010 年 5 月北京第 1 次印刷
开本:850 毫米×1168 毫米 1/32　印张:4
字数:81 千字　印数:0,001-8,000 册

ISBN 978－7－01－008891－4　定价:9.00 元

邮购地址 100706　北京朝阳门内大街 166 号
人民东方图书销售中心　电话 (010)65250042　65289539